AF366501

LE

JARDIN DES PLANTES

ET

SES HABITANTS

PARIS, — IMPRIMERIE DE DUBUISSON ET Ce, RUE COQ-HÉRON, 5.

C.

LE
JARDIN DES PLANTES

ET

SES HABITANTS

ANIMAUX CARNASSIERS ET RACES DOMESTIQUES. — PETITS ET GRANDS RUMINANTS. — OISEAUX DE PROIE ET DE HAUT VOL. — SINGES ET PERROQUETS. — SERPENTS, GRANDS LÉZARDS, ETC.

ABRÉGÉ SPÉCIAL D'HISTOIRE NATURELLE
à l'usage de ceux qui visitent le Muséum

PAR

HENRY PERRON D'ARC

PARIS

IMPRIMERIE DE DUBUISSON ET COMPAGNIE

5, RUE COQ-HÉRON, 5.

1860

QUELQUES MOTS EN GUISE DE PRÉFACE

Parmi le grand nombre de personnes qui fréquentent chaque jour le Jardin des Plantes, beaucoup y viennent munies d'un bagage scientifique très léger, surtout en matière d'histoire naturelle.

Aussi, dire les erreurs, les contes, les théories folles qui se débitent autour des grands mammifères et des grands carnassiers, serait impossible.

La majorité qui parcourt le Jardin n'emporte donc de ses visites nulle idée juste, nulle notion précise, touchant la race et les habitudes des individus qu'ils viennent de voir ; pas plus qu'ils n'apprécient d'une manière correcte, les distances qui nous séparent des fleuves et des déserts où ces différents animaux vivent et se plaisent.

Et cependant tous, nous en avons la certitude, seraient heureux de s'instruire; tous voudraient apprendre, et tous seraient reconnaissants, s'ils pouvaient se rendre un compte exact de la somme de courage, d'efforts et de persévérance qu'il a fallu dépenser, pour réunir ainsi sous leurs yeux un échantillon de chaque espèce vivante, — un abrégé, pour ainsi dire, de tout le monde animal, qui peuple les eaux, les airs et les forêts, qui chante, pleure et rugit sur notre globe.

Convaincu qu'un résumé clair et précis, donnant l'histoire de tous ces étrangers, plairait à la masse des visiteurs et serait le bienvenu parmi eux, nous avons construit ce petit livre que nous leur offrons aujourd'hui. Ils y trouveront sur chaque animal habitant actuel du Muséum, l'opinion des plus illustres écrivains qui ont écrit sur la matière; car chacun de nos articles, réduit à sa plus simple expression, et mis à la portée de tous, est, si nous pouvons nous exprimer ainsi, l'essence de longues colonnes et de gros in-folio, signés Buffon, Cuvier, Lacépède, Geoffroy Saint-Hilaire, d'Azara, Flourens, etc., tous hauts et puissants seigneurs au royaume de la science, et dont nous ne sommes ici que l'humble interprète et l'écho.

LE JARDIN DES PLANTES

NOTICE HISTORIQUE

Il est un lieu, tout au bout de Paris, qui est à coup sûr le plus bel endroit de rafraichissement et de repos, qui se puisse rencontrer dans ce vaste et tumultueux univers parisien. Là, se confondent dans un pêle-mêle admirable la fraîcheur, le calme, l'ombrage, les fleurs, toutes les latitudes, toutes les productions de la terre habitée : les oiseaux du ciel, les bêtes féroces du désert : le lion et la gazelle, l'éléphant et l'ibis, le tigre royal et la chèvre du Thibet.

Chose étrange, cette idée charmante de réunir dans un seul et même local tous les chefs-d'œuvre de la création, ne date guère que de 200 années. Ce fut Louis XIII qui, le premier, eut l'honneur d'acheter de ses deniers, dans le faubourg Saint-Victor, loin de tous les bruits de la ville, et tout prêt de la rivière; une maison et vingt-quatre arpents d'une terre inculte, marécageuse et négligée. Le royal acquéreur paya l'immeuble et le terrain 67,000 livres tournois. Tel fut l'humble et modeste commencement du Jardin des plantes (1635).

Mais ce n'était point là la première origine, en France, d'une fondation de même nature : dès 1558, Pierre Belon, dans un ouvrage intitulé : *Remontrances sur le défaut de labour et culture des plantes*, etc., avait émis l'idée de l'établissement d'une vaste pépinière de végétaux exotiques.

Un peu plus tard, en 1577, Nicolas Houël, apothicaire du roi, ayant fondé la *Maison de la charité chrestienne, y avait joint un jardin des simples, lequel était rempli de beaux arbres fruitiers et de plantes odoriférantes rares et exquises*, etc. Ce Jardin des simples inspire, cinquante ans plus tard, la création du Jardin du roi, auquel il servit de modèle.

Ce Jardin du roi eut d'abord pour unique objet de compléter les moyens d'étude que présentait aux étudiants, la Faculté de médecine de Paris, et on lut, pendant plus d'un siècle, sur la porte de sa principale entrée, ces mots :

Jardin royal des herbes médicinales.

Lorsque le cabinet réservé dans les bâtiments aux « échantillons des drogues simples et composées » eut acquis une certaine extension, il devint le cabinet du roi.

Enfin, en 1739, le roi véritable du jardin, celui qui l'a augmenté, enrichi, celui-là même qui en est l'historien tout-puissant, M. de Buffon, fut nommé administrateur, et porta, pendant quarante-neuf ans, cet illustre et pesant fardeau ; il agrandit les vingt-quatre arpents du roi Louis XIII, et les fit presque ce qu'ils sont aujourd'hui, une miniature du monde entier.

Le jardin n'était alors, nous l'avons dit, qu'un Jardin des herbes médicinales.

Bernardin de Saint-Pierre, le charmant auteur de *Paul et Virginie*, ayant remplacé M. de Buffon dans l'administration du Jardin, c'est à lui que Paris doit sa première ménagerie.

Celle du palais de Versailles (1790) était menacée d'une fin prochaine : cette ménagerie, qui était avant 89, un des amusements du roi et de la cour, manquait d'aliments, la nation refusait de la nourrir ; les lions et les tigres étaient à la veille de mourir de faim. On écrivit alors au Jardin du roi, pour implorer son hospitalité. Bernardin de Saint-Pierre accepta à l'instant même cette partie de l'héritage de la royauté déchue. Il prit en pitié les panthères et les ours, et ouvrit les portes de son Jardin à ces malheureux affamés.

Cette ménagerie de Versailles se composait tout simplement de cinq animaux étrangers ; un Couagga, sorte de cheval zébré, un Bubal, un Pigeon huppé de Banga, un Rhinocéros de l'Inde et un Lion du Darfour : tout le reste avait été dispersé, pillé, tué par l'émeute. On avait pris, entre autres et emmené un Dromadaire, huit à dix espèces de singes et une foule de gros oiseaux plus ou moins bons à manger.

Le gouvernement révolutionnaire voulait faire mettre à mort Couagga, Pigeon huppé, Bubal, Lion et Rhinocéros. — Qu'on les tue, qu'on les dissèque, et qu'on place leurs squelettes au Cabinet, disaient les terribles économistes : il suffit d'étudier les animaux morts pour connaître leur espèce. — « Mais, leur répondait Bernardin de Saint-Pierre, reconnaît-on la verdure et les fleurs d'une prairie dans une botte de foin, et la majesté des arbres d'une forêt dans un tas de fagots ? » Et Bernardin de Saint-Pierre conserva les proscrits. Il fut même décidé qu'une ménagerie serait établie au Jardin des plantes, et que les ménageries de Versailles et du Rainci y seraient transportées.

Le Jardin du roi prit alors (1793) le titre de Muséum d'histoire naturelle.

Sous l'Empire, le Jardin grandit comme grandissait toutes choses, sous le souffle impérial. L'Empereur ordonna une recrue générale, fit acheter des bêtes fauves partout, même en Angleterre ; des tigres, des lions, des ours, des léopards, etc., et augmenta presque du double la collection rugissante.

Enfin, la nouvelle organisation fut mise en vigueur, et, depuis lors, l'établissement s'est élevé par degrés, et presque sans lacune, à ce point de richesse, d'ordre et de splendeur qui le distingue aujourd'hui, et qui en fait un établissement modèle, comme il en fait un établissement sans rival en Europe.

ANIMAUX ET GRANDS OISEAUX
VIVANT DANS DES PARCS OUVERTS.

BASSIN DES TORTUES. — FOSSE AUX OURS.

Agoutis de la Guyane française

DONNÉS PAR M. BATAILLE, PROPRIÉTAIRE A CAYENNE.

Mammifère de l'ordre des rongeurs.

L'Amérique méridionale, les Antilles et même le Mexique sont la patrie des Agoutis.

Ces jolis animaux représentent là nos lièvres et nos lapins, autant par leurs allures et leurs mœurs, que par la qualité de leur chair, qui est excellente.

Ils vivent dans les bois, se nourrissent d'écorces et de fruits, et ne se creusent pas de terriers; ils se retirent dans des troncs d'arbres creux. On les élève facilement en captivité; ils vivent alors dans nos climats, mais ne perdent jamais complétement leur naturel craintif.

La couleur de l'Agouti est brune, tiquetée de fauve, les poils du dos forment un manteau plus foncé.

Antilope gazelle.

Animal de la grandeur, de l'élégance et de la légèreté du chevreuil; ses cornes noirâtres, assez grosses, sont marquées de 12 à 14 anneaux saillants.

Les Gazelles vivent dans tout le nord de l'Afrique en troupes nombreuses. Quoique timides, elles forment un cercle quand on les attaque, et présentent leurs cornes de tous côtés.

On les chasse avec le chien, l'once ou le faucon ; on les prend aussi en lâchant des individus apprivoisés, dont les cornes sont garnies de nœuds coulants, auxquels les Gazelles sauvages viennent se prendre. Leur chasse au faucon est le principal amusement des riches de Syrie. L'oiseau saisit la Gazelle à la gorge, et la lui déchire avec son bec et ses ongles.

La beauté de leurs yeux, la douceur de leur regard, l'élégance de leur taille, la grâce de leurs mouvements, leur légèreté, ont fourni de tout temps des comparaisons et des images à la poésie arabe.

Les beaux yeux se nomment en Orient des « yeux de Gazelle. »

Leur nom de « Gazelle » est arabe.

Antilope Nilgaut.

Antilope de la grande espèce, pelage gris-noir, cornes du mâle très courtes, un peu recourbées en avant ; une crinière sur le cou et le milieu du dos ; le bas des jambes cerclé de blanc.

Le Nilgaut habite le bassin de l'Indus et les montagnes du Cachemire ; il se tient dans les forêts les plus épaisses, d'où il fait des excursions le matin, et même pendant la nuit, sur les champs du voisinage.

C'est un animal d'un caractère indomptable et d'un grand courage.

Antilope Corinne.

D'une taille encore plus délicate, plus frêle que la gazelle; ce charmant petit quadrupède, la plus mignonne de toutes les gazelles, est la grande favorite des femmes riches de l'Afrique et de l'Asie, qui l'apprivoisent de sucre et de caresses et s'en font suivre partout. (Voy. *Gazelle*.)

Antilope Bubale d'Algérie

DONNÉE PAR LE GÉNÉRAL YOUSUF.

L'Antilope Bubale est de la taille d'un petit bœuf, sa tête, démesurément longue, est étroite, disgracieuse de forme et terminée par un demi-mufle. Les cornes, grosses et dont la racine se trouve implantée dans le prolongement du front, se touchent presque à leur base. Le pelage de son corps est roux. Cet animal, vulgairement appelé « vache de Barbarie» et bien connu des anciens, est représenté sur les monuments d'Égypte. Il vit par troupes nombreuses dans tout le nord de l'Afrique, entre les terres cultivées et les déserts; il combat à la manière des taureaux, en baissant la tête. Shaw assure que fréquemment les jeunes Bubales se mêlent, dans les plaines, aux troupeaux domestiques, et ne les abandonnent plus; ce qui prouve que cette espèce d'Antilope, comme plusieurs autres, pourraient être facilement rendue domestique.

Axis de l'Inde.

Le pelage de l'Axis, cerf indien, est fauve-brunâtre, tacheté de blanc.

Au Bengale, cet animal est à peu près réduit en domesticité, et on l'engraisse pour le manger, comme en France nous engraissons des troupeaux de moutons.

Le cri de l'Axis est un petit aboiement, et les femelles ont la singulière habitude de tordre leur cou, de manière que la gorge regarde le ciel.

(*Instincts et habitudes du Cerf.*)

Biche de Virginie
(AMÉRIQUE DU NORD).

Biche Duvaucel
(NÉPAUL).

Cet animal à grande taille, appelé aussi « Biche de la Louisiane, » et qui paraît habiter les contrées chaudes et tempérées de l'Amérique septentrionale, est couvert, pendant l'été, d'un pelage de couleur fauve tirant sur le doré. La tête est gris-brun au chanfrein et plus roux sur le front. La durée de la gestation chez cette femelle est de neuf mois; et les petits qui naissent en juillet et en août, ne changent de robe qu'au bout d'un an. La voix du mâle est analogue à celle du cerf commun.

La Biche et Cerf Duvancel, en tout pareils au **Cerf**
et **Biche de Virginie**, habitent le Népaul et tout le
continent indien.

Biche d'Algérie.

Voy. *Cerf*.

Bœuf.

Il n'est personne qui ne connaisse cet animal, sans
lequel la société humaine aurait peine à subsister, au
moins dans nos climats : on le trouve dans toute
l'Europe, dans la plus grande partie de l'Afrique et
de l'Asie, et il s'est prodigieusement multiplié en
Amérique depuis que les Européens l'y ont transporté ; car il n'existait point dans cette partie du
monde lorsque les Espagnols en firent la découverte.

On pense bien que les types primitifs ont dû prodigieusement se modifier, par de si grandes diversi-
tés de climats : aussi trouve-t-on des **Bœufs** de
toutes tailles, depuis celle du plus fort taureau, jusqu'à celle du porc ordinaire ; de toutes les couleurs,
gris-cendré, bruns, blancs, noirs, roux ; il y a des
Bœufs à bosse et sans bosse, et les cornes elles-
mêmes varient de grandeur, de direction et manquent tout à fait dans certaines races.

Bœufs de Hongrie.

Cette espèce se distingue de toutes les autres, par

son beau pelage blanc, et par ses cornes longues et
aiguës.

Il y a, dit-on, de ces grands Bœufs dont les cornes
ont plus de six pieds d'une pointe à l'autre ; l'animal lui-même a près de huit pieds de longueur sur
cinq de hauteur au garrot.

Ces animaux sont doués d'une force tractive prodigieuse, mais ils sont lents et obstinés.

Bouquetins des Alpes.

L'Ibex, ou Bouquetin, qui semble aujourd'hui
confiné dans un petit canton des Alpes, se trouvait
autrefois dans toutes les parties élevées de la chaîne
comprise entre le mont Blanc et le mont Eisenhüt,
en Styrie.

Les Bouquetins sont des animaux qui vivent par
petites troupes composées de dix à vingt individus.
Ces troupes, pendant presque toute l'année, ne se
composent que de femelles, de leurs petits et des mâles
âgés de moins de six ans ; les mâles qui ont passé cet
âge vivent solitaires : « Plus ils sont vieux, dit Ber-
thout Van Berchen, moins ils aiment à vivre en société. Ils s'endurcissent contre le froid, et en hiver
ils ont l'habitude de se placer sur les hauteurs, en
face de la partie de l'horizon d'où souffle l'orage : ils
y restent sans bouger, au point qu'on les prendrait
pour des statues, etc. »

La femelle, ou Etagne, conçoit en novembre et met bas en avril. Elle n'a, de chaque portée, qu'un petit qui marche au moment même où il vient de naître, et qui, une heure après, sait se cacher à l'approche d'un danger.

Les Bouquetins sont d'une agilité merveilleuse ; dans le sens horizontal, ils franchissent des espaces énormes, sans paraître faire aucun cas des affreux précipices qui souvent s'ouvrent sur leur chemin. Lorsqu'il s'agit de sauter de haut en bas, ils n'hésitent pas à s'élancer d'une hauteur de vingt mètres. — Quand ils se précipitent volontairement d'un lieu très élevé, ils se jettent tête première, et les montagnards affirment que ce sont leurs cornes qui reçoivent le premier choc ; ils expliquent par là comment, en effet, des chutes, qui seraient mortelles pour tout autre animal, sont presque un jeu pour le bouquetin.

Les cornes d'un Bouquetin mâle ont quelquefois jusqu'à un mètre de longueur. Les cornes de la femelle au contraire sont très courtes.

Les mâles ne portent la barbe qu'en hiver.

Bouquetins du mont Ida.

(ILE DE CANDIE).

Mêmes instincts et mêmes habitudes que le « bouquetin des Alpes. »

Bouc et Chèvre de la Haute-Egypte.

Les cornes de cette espèce que l'on appelle aussi « Bed-den » sont moins épaises que celles de l'ibex, ou bouquetin des Alpes, mais aussi longues et marquées de même : Burckhard dit avoir vu à Kereck, sur la côte orientale de la mer Morte, une paire de cornes de bed-den, dont chacune était longue de 1 mètre 20 centimètres. — La barbe qui existe chez le mâle dans toutes les saisons est, en hiver, longue de 16 à 18 centimètres.

La femelle du bed-den est d'un quart plus petite que le mâle, et a, dans l'ensemble de ses formes, beaucoup de rapport avec la chèvre commune.

Les Boucs, dans toutes les espèces, exhalent une odeur forte, très déplaisante, qui, quoi qu'on en ait dit, ne disparaît jamais complétement, même par le fait de la domesticité. Dans les combats qu'ils se livrent entre eux, ils se dressent sur les jambes de derrière, et en retombant se heurtent obliquement du front.

On a constaté l'existence de ce couple à l'état sauvage dans la chaîne qui borde à l'orient la plaine que parcourt le Jourdain, et dans plusieurs des montagnes à l'est de la mer Morte ; on l'a également trouvé de l'autre côté de la mer Rouge, dans la haute montagne de Gareb, située non loin du Nil.

Bélier et Brebis du Soudan.

De la taille de nos races ordinaires; chanfrein très arqué; oreilles de médiocre grandeur, pendantes et mobiles; laine grosse et longue, tombant en mèches épaisses; cornes fortes.

Cette race habite l'Egypte, l'Ethiopie, le cap de Bonne-Espérance; on la trouve aussi en Asie, dans la Perse et dans l'Inde.

Casoar à casque de l'archipel Indien.

Genre de l'ordre des échassiers. Bec court et droit; fosses nasales se prolongeant dans toute la longueur du bec; cou et joues nus; pieds robustes, musculeux, munis de trois doigts dirigés en avant et armés d'ongles inégaux.

Cet oiseau paraît être le représentant de l'autruche dans les îles de l'archipel Indien; sa taille cependant est moindre que celle de l'autruche; car il n'a guère plus d'un mètre et demi de hauteur.

Le casque, qui recouvre sa tête, est une saillie de l'os frontal, d'un tissu celluleux, qui augmente de volume à mesure que l'oiseau se développe. Sa tête et le haut de son cou sont nus; toute cette partie est revêtue d'une peau d'un violet ardoisé sous la gorge, bleu sur les côtés, rouge vif derrière le cou et sillonnée de rides.

Le caractère du Casoar est sauvage; il est même méchant, et, quant il veut attaquer et se défendre, il se sert de son pied, au moyen duquel il détache de fortes ruades. Il vit éloigné des demeures de l'homme et se nourrit de fruits, d'œufs et même de petits animaux qu'il avale sans les diviser. En domesticité, cet oiseau se contente de tous les genres de nourriture; pain, fruits, céréales, racines potagères, etc. Ils boivent abondamment, et consomment de 4 à 5 litres d'eau par jour.

La femelle pond, dans un trou creusé dans le sable, 3 ou 4 œufs cendrés, et verdâtres vers le gros bout. Ils sont moins gros que ceux de l'autruche. Abandonnés pendant le jour à la chaleur du soleil, la mère ne les couve que pendant la nuit. L'incubation dure de 28 à 30 jours.

Le cri du Casoar est une sorte de grognement guttural qui, dans la colère, devient un bourdonnement très ronflant. Sa chair est de mauvais goût : aussi ne l'élève-t-on généralement que comme objet de curiosité.

Le Casoar à casque habite les îles de l'archipel Indien, et surtout les forêts profondes de l'Ile de Céram.

Casoar de la Nouvelle-Hollande

(AUSTRALIE).

Genre des échassiers coureurs de Cuvier.

Caractères génériques : corps massif, forme de l'autruche et taille du nandou.

Tête petite, garnie d'un petit bouquet de plumes crépues ; face dénudée ; bec noir et long.

Jambes fortes et emplumées, ongles courts et robustes.

Ailes et queue nulles. Couleurs, brun mêlé.

Le Casoar de la Nouvelle-Hollande, ou plutôt l'Emou (c'est le nom donné par les colons anglais à cet oiseau), est plus grand que le Casoar à casque ; ses jambes et son cou sont plus longs. Ce grand oiseau, très commun autrefois dans les forêts de la Nouvelle-Galles-du-Sud, où les indigènes le nomment « Parembang, » mais que les défrichements et la carabine des colons ont relégué au-delà des montagnes Bleues, est très farouche ; et bien que privé de la faculté de voler, il court avec une rapidité qui lui permet d'échapper aux poursuites des chiens les plus agiles. Sa nourriture consiste, comme celle du Casoar, en herbe et en fruits. Sa chair a le goût de celle du bœuf, et est très prisée des natifs.

La place de l'Emou paraît devoir être entre le Casoar à casque de l'Inde et le nandou d'Amérique ; car, malgré ses affinités avec l'autruche, il en approche moins que ce dernier.

Cerf.

Genre de ruminant caractérisé surtout par l'existence de prolongements frontaux arrondis de structure tout à fait osseuse, et nullement enveloppés d'un étui corné comme ceux des bœufs, des chèvres, etc.

Le pelage du Cerf d'Europe, uniquement composé de poils soyeux, est dans la saison d'été d'un fauve plus ou moins clair. En hiver, le pelage est gris-brun, et sans manifestation d'aucune tache.

Il existe quelques variétés de l'espèce commune ; l'une connue sous le nom de Cerf de Corse, est d'une taille beaucoup plus petite que celle des Cerfs ordinaires ; il a les jambes courtes, le corps trapu et le pelage brun. Il en existe une variété à tête blanche, qui paraît assez commune dans les bois de Chantilly.

Cet animal est propre aux contrées tempérées et boréales de l'ancien continent, dont il habite les grandes forêts, qu'il quitte en hiver, pour aller et venir dans les pays plus découverts, dans les petits taillis et même dans les terres ensemencées. Il va par troupes dès le mois de décembre, et se met à l'abri du froid dans les endroits bien fourrés.

A la fin de l'hiver, il gagne le bord des forêts, et après qu'il a refait son bois, ce qui arrive au printemps, il se sépare de ses compagnons. Lorsqu'on le chasse, il n'est sorte de ruses que cet animal n'imagine pour échapper aux limiers. Il va, vient, passe et repasse souvent deux ou trois fois sur sa voie, cherche à se faire accompagner d'autres bêtes pour donner le change; si ses ruses et ses détours sont inutiles, il n'hésite pas à se jeter à l'eau pour dérober son sentiment aux chiens. Si ces derniers l'atteignent, quoique aux abois, il essaie encore de se défendre en blessant, à coups d'andouillers, les meutes, les chevaux et les chasseurs.

La biche de ce Cerf porte huit mois et quelques jours, met bas à la fin de mai, et le faon, qui est unique, est fauve et tacheté de blanc.

En Afrique, ce Cerf n'habiterait, suivant Desmoulins, que l'Atlas et ses vallées. Les Portugais l'ont importé à l'île de France, et les Anglais à la Jamaïque.

Cerf des Philippines.

Les bois de ce Cerf, que l'on appelle aussi « Cerf des Mariannes » sont gros et de couleur cendré. Les poils sont raides, ondulés, et d'une couleur gris-brunâtre.

Ce Cerf indien se trouve aux Mariannes et aux Philippines.

Cerf-Cochon du nord de Malabar.

Cette espèce est de très petite taille; ses formes sont lourdes et massives, sa tête est grosse. Ses bois, long d'un pied, sont portés sur des meules beaucoup plus hautes que chez les autres cerfs. Le pelage est gris-fauve brun, tacheté de blanc. Les côtés de la tête sont blanchâtres.

Le Cerf-Cochon habite le Bengale, le Malabar, Bornéo, et tout le reste du continent indien, où on l'engraisse et où on le mange comme l'axis.

Cerf et Biche d'Aristote.

Ce Cerf que l'on appelle aussi « le Cheval-Cerf, » décrit par Aristote, est d'une très grande taille ; il a le museau allongé.

Le pelage de ce Cerf est formé, sur le dos, de poils durs, secs et cassants ; sur le dessus du cou, les joues et la gorge, ces poils acquièrent une longueur assez grande pour constituer à l'animal une véritable crinière qu'il relève comme le sanglier. Sa couleur en hiver est d'un gris-brun ; en été, la teinte en devient plus claire et plus dorée.

Ces animaux, qu'on retrouve également à Java et à Sumatra, habitent le Bengale ; ils sont communs à Sylhet, dans le Népaul et vers l'Indus.

Chamois des Pyrénées.

Cet animal, doué d'une agilité surprenante, se tient en petites troupes dans les régions moyennes des montagnes. On les voit franchir les précipices, bondir de roc en roc et s'arrêter court sur une pointe de pierre offrant à peine l'espace suffisant pour y placer les quatre pieds. Ses sens sont très délicats, il entend et voit de très loin. Sa voix ordinaire est un bêlement sourd; mais lorsqu'il est effrayé par quelque danger, surtout lorsqu'il est averti par son odorat ou par son ouïe de la présence d'un homme qu'il ne peut voir, il fait alors retentir les montagnes d'un sifflement aigu rendu par les narines.

Le Chamois se nourrit de fleurs, de bourgeons tendres et des herbes les plus aromatiques.

Il s'accouple en automne; le temps de la gestation est de six mois, et les petits naissent couverts de poils et les yeux ouverts.

Les Chamois se trouvent dans les Pyrénées, les Alpes, les montagnes de la Grèce et les îles de l'Archipel; mais partout il devient de plus en plus rare.

Cochon de Chine.

Confondu souvent avec le Cochon de Siam. Il a le corps épais, le museau court et concave en dessus, le front bombé, les oreilles droites. Il est plus petit et plus bas sur jambes que le nôtre. L'extrémité des jambes de devant, le ventre (qui traîne à terre) et la partie interne des cuisses sont blancs jaunâtres et le tour de la tête noir.

Il a les habitudes grossières du Cochon domestique ; mais il paraît plus affectueux pour les personnes qui le soignent et le nourrissent.

La population chinoise de Eagle-Hawk Gully et de Bendigo (Australie), ne désigne et ne vend jamais cet animal, dont il se fait une prodigieuse consommation dans la province de Victoria, que sous le nom de « Cochon, abdomen de mandarins. »

« Douze abdomen-mandarins à vendre, » crie un négociant chinois, pour dire qu'il met en vente douze Cochons, race chinoise.

Chéropotame du Gabon.

Porc rouge à collier blanc, de la côte d'Afrique. Cet animal de taille moyenne, à jambes courtes, à museau long et aux yeux entourés d'un cercle de poils jaunâtres, a tous les instincts et les habitudes de nos porcs d'Europe. Il se trouve en abondance dans les forêts du Sénégal, dans les mornes du pays des Mandingues et dans toute la contrée supérieure que parcourt le Gabon ; là, il se plaît dans les terrains bas et marécageux, aimant, comme tous les pachidermes de son espèce, à se rouler dans les boues épaisses et à fouiller les vases.

Sa nourriture principale consiste en fruits, en herbes fraîches et en racines.

La chair de Chéropotame est excellente et justement prisée, et certains peuples de race nègre des royaumes de Gambie, du Congo, etc., en élèvent, à l'état domestique, des troupeaux considérables, et se servent de ces animaux comme de monnaie d'échange, dans les marchés qu'ils contractent avec les tribus de l'intérieur : un certain nombre de Chéropotames représente tant de charges de dattes, de gomme arabique, de dents d'éléphant, etc.

Les vaisseaux européens qui relâchent dans les différents ports de cette côte aride, ravitaillent leurs soutes aux vivres avec la chair des Chéropotames.

Coq de combat.

Les peuples, dans leur désœuvrement, ont mis à profit l'ardeur belliqueuse du Coq pour en faire l'objet d'une distraction. Chez les Grecs, qui le prirent sans doute des Indiens, on faisait combattre les Coqs ; les Rhodiens poussaient cette barbare manie plus loin que les autres.

Les Romains, à qui les Grecs enseignèrent tant de mauvaises choses à travers un petit nombre de bonnes, prirent d'eux ce frivole et barbare amusement.

Dans toutes les îles de la Sonde et chez les Chinois, les combats de Coqs, qui remontent à la plus haute antiquité, sont encore en grand honneur aujourd'hui ; il est même poussé jusqu'à la fureur chez les Javanais et les habitants de Sumatra. Rarement on rencontre un homme voyageant dans le pays sans un Coq sous le bras ; et, à chaque *Bimbang* (nom que l'on donne aux fêtes nationales), on voit des bandes de trente à quarante personnes portant chacune leur Coq de combat.

La race Coq-malaise jouit d'une grande réputation par son courage et sa vigueur, et les parieurs risquent dans ces luttes non-seulement leur or, mais leurs femmes et leurs filles : aussi les chefs sont-ils obligés d'intervenir pour empêcher les joueurs d'en venir aux plus dangereux excès. Pour prévenir toute contestation, on ne fait jamais combattre ensemble des Coqs de même couleur.

De nos jours, les Anglais seuls, parmi les peuples de l'Europe, s'amusent encore à des combats de Coqs, et engagent de grosses sommes sur la valeur de l'un ou de l'autre des combattants. Un Coq vainqueur est promené en triomphe, et dès ce moment il n'a plus de prix.

Les Coqs de combat sont moins ardents que les Coqs domestiques, et les femelles sont moins fécondes et moins attentives envers leurs petits.

Coq nain.

Espèce de petite taille, à pattes courtes et emplumées. Buffon l'a désignée sous le nom de « Coq de

Madagascar.» De la taille d'une corneille, la femelle,
qui produit des œufs très petits, mais qui en couve
une trentaine à la fois, a la réputation d'être une
excellente couveuse.

Il y a plusieurs variétés de cette race, mais elles
diffèrent peu entre elles.

Courlis d'Europe.

Les Courlis, qui ne diffèrent des ibis que par leur
face emplumée et aussi par des doigts plus robustes,
sont des oiseaux variant pour la taille de celle d'une
poule à celle d'une bécasse.

Ils ne sont pas, comme les ibis, parés de couleurs
éclatantes ; leur plumage présente plusieurs nuances
de gris, de roux, de brun, de fauve et de blanc.
Quoique leur vol soit élevé et soutenu, à terre ils
fuient souvent à une grande distance et courent avec
une surprenante agilité. Quand aucune passion ne
les anime, leur démarche est grave et mesurée. Leur
habitation est dans les endroits secs et sablonneux,
mais près du bord de la mer, et dans le voisinage
des marais et des prairies humides, où ils cherchent
leur nourriture, qui consiste principalement en insectes tant aquatiques que terrestres, en limaçons et
en petits mollusques.

Dans leurs migrations, il s'abattent sur les plages
vaseuses, et y ramassent les vers qui s'y trouvent en

énormes quantités ; ces oiseaux s'éloignent généralement peu des côtes, et ne font que de rares appa-
ritions dans l'intérieur des continents. Ils nichent
dans les lieux secs, dans les herbes qui croissent
dans les bruyères et dans les sables, ainsi que dans
les dunes qui bordent les mers.

Le cri du Courlis est assez exactement représenté
par son nom : « Il a gagné son nom de son cri, dit
Belon, car en volant il prononce *corlieu.* »

Les Allemands, d'après certaines circonstances qui
signalent son arrivée, l'appellent « oiseau des jachè-
res, de pluie, d'orage, de vent. »

Les Grecs modernes l'appellent « l'oiseau au long
nez. »

Au Sénégal, les Courlis vivent à l'état de domesticité.

Les Courlis sont répandus sur tout le globe.

Cygnes blancs d'Europe.
Cygnes noirs de la Nouvelle-Hollande.

Le Cygne, par l'élégance et la beauté de ses formes, la blancheur nacrée de son plumage, le calme
et la majesté de ses allures, fait la grâce et l'orne-
ment de nos pièces d'eau. C'est un grand oiseau de parade qu'il faut laisser libre de ses mouvements et surtout de ses volontés, et qui n'est guère susceptible d'é-
ducation ; tout ce qu'on a pu jamais lui apprendre, c'est

de venir à la voix. Le Cygne est un palmipède essentiellement nageur, et il en a tous les attributs, mais il ne plonge jamais, lors même qu'il a subi le feu du chasseur, ou que, par suite d'une blessure, il ne peut fuir en volant. Aussi mauvais marcheur que les canards, il s'éloigne peu de son élément chéri. Les fonctions assignées par la nature aux Cygnes, aux oies, aux canards et autres oiseaux aquatiques, paraissent être de nettoyer le lit des grands bassins, lacs et rivières, et d'arracher de leurs fonds vaseux toutes les plantes aquatiques et parasites, qui, si elles étaient livrées à elles-mêmes, auraient bientôt — par leur prodigieuse croissance et incomparable fécondité — tout envahi.

Aussi la nourriture des Cygnes consiste-t-elle principalement en germes, graines, feuilles, tiges et racines de plantes d'eau ; ils ajoutent des grenouilles, des sangsues et des insectes à ce régime : on dit même qu'ils se nourrissent de petits poissons, et qu'ils les prennent avec une prodigieuse adresse. On ne connaît pas la patrie du Cygne blanc domestique, aujourd'hui répandu sur toute la surface du monde connu ; on pense néanmoins qu'il habitait primitivement les marais sombres et profonds qui se trouvent au centre des vastes forêts de la Prusse et de la Pologne.

Le Cygne noir à bec rose ne se rencontre à l'état sauvage que sur les côtes méridionales de la Nouvelle-Hollande et de la Terre de Van-Diémen (Australie). Toutefois, il se naturalise et vit fort bien en Europe, où depuis une trentaine d'années on le trouve en grand nombre.

Sa couleur noire, qui paraît d'abord singulière, ne doit cependant pas étonner, si l'on considère que ce grand aquatique est originaire d'un pays où la nature semble avoir pris à tâche de ne créer que des types neufs, de n'inventer que des races bizarres, et de ne rien faire comme partout ailleurs.

Daim.

VARIÉTÉ BLANCHE.

Daim.

VARIÉTÉ ISABELLE.

La section des cerfs à bois plats ne comprend qu'une seule espèce :

Le Daim, dont le pelage, dans la saison d'été, est fauve, avec des taches blanches sur le corps et deux raies également blanches ; en hiver, le pelage du Daim est d'un brun noirâtre uniforme.

La taille du Daim est moindre que celle de notre cerf ordinaire.

Il y a dans les Daims deux races bien distinctes et transmises avec fixité par voie de génération : il y a la race blanche et la race noire. Il y a encore une autre variété dite « variété panachée » ou « variété Isabelle, » produite par le croisement de la race brune et de la race blanche.

Le Daim préfère aux grandes forêts, séjour habituel des autres cerfs d'Europe, les bois coupés de champs et de collines. Lorsqu'il est chassé, le Daim emploie les mêmes ruses que le cerf, mais il les répète plus fréquemment que ce dernier.

Les régions tempérées du continent européen paraissent seules posséder cette espèce. On en trouve, en outre, depuis la Pologne jusqu'en Perse. Le nord de l'Afrique ne paraît pas non plus être dépourvu de Daims ; et Cuvier, qui d'abord ne croyait pas à l'existence de cet animal sur le continent africain, nous a plus tard appris qu'il avait vu un Daim sauvage tué dans un bois au sud de Tunis.

BASSIN DES TORTUES.

—

Emysaure Serpentine des États-Unis.
(TORTUES DES EAUX DOUCES).

La Tortue serpentine Emysaure vit dans l'Amérique septentrionale, et fréquente aussi bien les cavernes et les lacs que les marais. Sa nourriture consiste en poissons ; quelques voyageurs ajoutent qu'elle prend aussi les jeunes oiseaux aquatiques.

Tête large, couverte de plaques ; museau court ; mâchoires crochues, avec deux barbillons sous le menton ; plastron non mobile ; cinq ongles aux pattes de devant, quatre à celles de derrière ; queue longue, surmontée d'une crête écailleuse.

Tortues terrestres.

(ALGÉRIE.)

Tous les animaux de cette espèce sont reconnaissables à leurs pieds propres à la marche et non à la nage, et à leur carapace bombée.

Ils vivent à terre, principalement dans les pays chauds, et se nourrissent spécialement de végétaux, auxquels ils mêlent des mollusques et des insectes. Dans les pays tempérés, ils s'engourdissent en hiver. Leurs allures sont d'une lenteur proverbiale ; leur caractère est stupide et en même temps familier. Ils croissent avec une extrême lenteur et vivent très longtemps.

Les Tortues européennes ne sont pas nombreuses, et elles vivent seulement dans les parties australes et méditerranéennes.

Emydes. — Tortues des marais d'Algérie.

Tortues des eaux stagnantes. Ces espèces existent dans toutes les parties du monde.

Même forme et même caractère que·les Emysaures. (Voyez ce mot.)

Flamand ou Phœnicoptère d'Égypte.

Voy. *Flamand rouge*, page 187 (FAISANDERIE).

Grue couronnée du royaume de Dahomey

(GUINÉE).

Cette Grue, que nous nommons «Grue couronnée» ou « Oiseau royal, » a le dessus du plumage d'une belle couleur brun foncé, avec du fauve et des nuances claires sur le reste du corps ; elle a la tête ornée d'une aigrette volumineuse, d'un jaune d'or, qui ressemble à une belle touffe de fine paille d'Italie, dont chaque brin, flexible et brillant, se balance quand l'animal est en marche. Cet oiseau, outre son élégance, a été remarqué de tout temps à cause de sa démarche cadencée, de ses mouvements mimiques et de ses sauts grotesques, par lesquels il semble vouloir attirer et fixer l'attention, et qui lui avait fait donner par les anciens le nom de comédien.

Cette Grue se rencontre dans les parties de l'Asie voisines de l'Europe, et en Afrique, dans la Guinée et dans la Numidie. Les Romains l'appelaient pour cela « Demoiselle de Numidie ; » et c'était elle, disaient-ils, qui, par ses bonds extravagants, avait appris aux Grecs une de leurs danses favorites.

Grue de Mandchourie

(CHINE.)

Plumage d'un beau blanc pur, extrémités des ailes noires, sommet de la tête marqué d'une tache pourpre.

A l'état sauvage, cette Grue mandchoux, plus forte et plus grosse que les Grues ordinaires, vit en troupes nombreuses dans les forêts les plus épaisses de l'Inde, sur les lieux élevés, et non dans les endroits marécageux.

Elle se nourrit d'insectes et de fruits sauvages, court avec une rapidité singulière ; mais son vol est lourd et de peu de durée ; elle ne perche que sur les arbres de moyenne hauteur.

Cette Grue s'apprivoise avec la plus grande facilité, et devient un des habitants les plus sociables de la basse-cour.

Elle habite la Chine, l'Inde, la Nouvelle-Hollande et la Russie méridionale.

Hémiones du pays de Cutch

(INDOUSTAN)

On ne peut prendre les Hémiones qu'avec des piéges, leur course étant plus rapide que celle des meilleurs chevaux. Une fois prise, l'Hémione s'apprivoise avec facilité. M. Dussumier assure qu'à Bombay on s'en sert comme de chevaux de selle.

Le pelage de l'Hémione est formé d'un poil ras et lustré ; la couleur en est presque uniformément blanche pour les parties inférieures et internes, et isabelle pour les parties externes et supérieures.

« On trouve, dit Pallas, des Dziggtaïs (Hémiones) en troupeaux nombreux dans la Mongolie et dans le pays de Cutch, au nord de Guzarate ; mais on ne les rencontre qu'isolés sur les frontières de Russie. Ces animaux, que l'Arabe le plus léger ne peut atteindre, éventent les chasseurs ; lorsqu'un objet les inquiète, le chef de la troupe s'en approche, et s'il ne se rassure pas, il fait quelques sauts, et aussitôt tous partent avec la rapidité de la flèche. »

L'Hémione offre une grande ressemblance avec le cheval par les parties antérieures du tronc, et avec l'âne par les parties postérieures. Un trait qui n'appartient cependant à aucune des deux espèces, c'est la forme des narines. Chez l'Hémione, leurs ouvertures simulent deux croissants dont la convexité est tournée en dehors, tandis que chez le cheval et l'âne les concavités sont tournées en dedans.

Hémippes.

(MALE ET FEMELLE.)

Le pelage des Hémippes (dit aussi « Cheval sauvage de Syrie ») est formé d'un poil ras et lustré de couleur grise, avec une large raie brune sur le dos, et l'extrémité de la queue seulement garnie d'une épaisse et longue touffe de crins noirs et blancs. Par leurs formes gracieuses et délicates, les Hémippes sont aux hémiones ce que les jolis poneys des hautes terres d'Écosse sont aux chevaux anglais.

Il serait fort à souhaiter que ces deux races remarquables de chevaux asiatiques prissent enfin dans nos écuries le rang que leur force, leur élégance et l'incomparable légèreté de leurs allures semblent leur désigner.

Lama du Pérou.

Les Lamas sont, dans le Nouveau-Monde, les représentants des chameaux, dont ils possèdent tous les principaux caractères.

Les Lamas, néanmoins, se distinguent des chameaux par l'absence de bosses sur le dos et par la séparation des doigts. D'ailleurs, les formes sont plus élégantes et se rapprochent davantage de ces justes proportions, d'où résulte pour nous un ensemble gracieux.

Le Lama était la seule bête de somme employée

par les habitants du Pérou, lors de la découverte de l'Amérique, et cet animal, comme plusieurs autres dont l'utilité pour l'homme est de tous les instants, n'y existait déjà plus à l'état sauvage. Du moins, M. de Humboldt pense que ceux que l'on rencontre encore libres et errants dans les gorges des Cordillières, et que les Américains du Sud nomment « Guanacos, » ne sont que les descendants d'individus domestiques.

La taille du Lama est à peu près celle d'un petit cheval : il a 1 m. 32 c. de hauteur au garrot et 1 m. 64 c. de longueur. La tête est petite et bien placée. Son poil varie de couleur, mais les teintes brunes paraissent y dominer.

L'emploi du Lama comme bête de somme est bien moins fréquent depuis l'introduction des chevaux au Nouveau-Monde. Cependant, il sert encore à transporter des fardeaux dans les sentiers escarpés des Cordillières, où la sûreté de son pied le rend très propre à cet usage. Il porte 150 livres environ, mais sa marche est très lente.

Cette espèce est d'ailleurs précieuse à plus d'un titre. La chair des jeunes est excellente, leur peau donne un cuir assez estimé et leur poil sert à fabriquer des étoffes.

Lama.

Très bel œil noir, doux et calme, tranchant sur le blanc de la fourrure.

Mouflons à manchettes.

(ALGÉRIE.)

Ce ruminant, que l'on croit être la souche-type de nos bêtes à laine d'Europe, est un peu plus grand que le mouton domestique ; ses formes sont sveltes et gracieuses ; son pelage, généralement fauve roussâtre, est court partout, si ce n'est sous le cou, où il existe une longue crinière pendante de poils flottants : Les poignets des jambes antérieures ont aussi chacun une sorte de manchette composée de poils très longs et non frisés.

Les Mouflons sauvages se nourrissent de végétaux et vivent en troupes plus ou moins nombreuses ; les pays élevés, les sommets des montagnes, sont les pays qu'ils habitent de préférence. Leurs habitudes sont les mêmes que celles des chèvres. Poursuivis, on les voit sauter de roche en roche avec une vitesse presque incroyable ; leur souplesse est extrême, leur force musculaire prodigieuse, leurs bonds très étendus et leur course rapide. On ne pourrait les atteindre, s'ils ne s'arrêtaient fréquemment pour regarder le chasseur d'un air stupide et pour attendre que celui-ci soit presque à leur portée pour se remettre à fuir.

Cette variété du Mouflon barbu habite à l'état libre les lieux déserts et escarpés de la Barbarie et du nord de l'Afrique. On le trouve aussi dans les parties les plus élevées de la Corse et de la Sardaigne, sur les montagnes occidentales de la Turquie européenne, dans l'île de Chypre et dans plusieurs îles de l'archipel Indien.

La durée de la vie du Mouflon est de 12 à 15 ans.

Nandou ou Autruche d'Amérique.

Les Nandous ou Nandus ont environ 1 m. 50 c. de hauteur ; leur bec est droit et court, leurs ailes sont impropres au vol.

Ces oiseaux ne pénètrent jamais dans les bois ; les plaines découvertes sont les seuls lieux où on les trouve. Ils vont ordinairement par paires, et quelquefois en troupes assez nombreuses. Poursuivis, ils fuient de si loin et leur course est si rapide qu'on ne peut que très difficilement les atteindre, même avec d'excellents chevaux. Lorsqu'ils courent ils ouvrent une aile et la présentent au vent. Leurs ruades sont très dangereuses.

Au repos, la démarche des Nandous est grave, leur cou élevé et leur dos arrondi ; ils coupent l'herbe dont ils se nourrissent.

A l'époque de leurs amours, c'est-à-dire en juillet, les mâles poussent des gémissements, dit d'Azara, qui ressemblent à ceux des génisses. Leur nid consiste en un creux large, pratiqué dans la terre et dans lequel ils apportent un peu de paille.

Les œufs, d'un blanc jaunâtre, ont 13 centimètres et plus de diamètre, ils sont de la même grosseur aux deux bouts; un seul nid en contient quelquefois soixante-dix à quatre-vingts. On pense que c'est le produit de plusieurs femelles du même canton ; mais un fait certain, c'est qu'un seul individu, qu'on dit être le mâle, couve tous les œufs et se charge de conduire et de protéger les petits.

Ces oiseaux, qui paraissent ne jamais boire, sont de bons nageurs, et traversent lacs et rivières avec une grande facilité.

La chair des jeunes est tendre et de bon goût.

Oie à cravate.

(AMÉRIQUE DU NORD.)

Plumage brun mêlé de gris ; bande sur le sommet de la tête d'un blanc pur ; cou noir à reflets violets.

Cette Oie habite le nord de l'Amérique. Elle vit très bien et se reproduit dans nos climats. Du temps de Buffon, on en voyait déjà sur les bassins de Versailles.

Cuvier pense que cette espèce doit prendre place parmi les cygnes.

Oies d'Egypte ou Bernaches armées.

Plumage agréablement varié, sur un fond gris blanc, de zigzags brun-roussâtre ; grande couverture des ailes d'un vert chatoyant. Cette Oie habite les côtes orientales de l'Afrique.

D'après Hérodote, cette espèce, à cause de son attachement inaltérable pour ses petits, était révérée des anciens Egyptiens, qui la comptaient au nombre des oiseaux sacrés ; ils la figuraient dans les hiéroglyphes et lui rendaient de grands hommages.

Dans leur système théogonique, cette Oie servait à exprimer la piété filiale, l'amour et le dévouement paternel et maternel ; d'un côté, parce que les jeunes vivent toujours sous l'autorité des parents ; de l'autre, parce que ceux-ci les défendent et les protégent même au péril de leur vie.

Les Oies, comme les cigognes, les grues et les canards, sont des oiseaux voyageurs. La famille des Oies a des représentants sur tous les points du globe.

Oie de Guinée ou à tubercule.

(SÉNÉGAL.)

Magnifique espèce de palmipède à plumage noir

brillant sur les parties supérieures du corps, blanc en-dessous et à crête rouge.

Les Oies devenues domestiques ne perdent rien du caractère vigilant qui distingue les races sauvages dont elles proviennent. Pendant le jour, un animal qui cherche à s'introduire dans la basse-cour, un milan, un gypaète qui plane dans les airs, sont aussitôt trahis par les cris bruyants de la troupe entière. La nuit, leur sommeil est si léger, que le moindre bruit les éveille et provoque de leur part les mêmes criailleries. Aussi les anciens croyaient-ils que les Oies étaient bien plus vigilantes que les chiens, et dans beaucoup de contrées on leur rendait hommage pour cette qualité précieuse. En Afrique et au Sénégal, ce sont les meilleures et les plus sûres gardiennes de la ferme.

Cuvier cite l'Oie de Guinée comme une espèce intermédiaire entre les cygnes et les Oies.

Pélicans d'Égypte

MALE ET FEMELLE

Genre de l'ordre des palmipèdes, bec long, droit, très fort, avec une membrane large, extensible, en forme de sac et de couleur jaune, au-dessous de la mâchoire inférieure (cette poche peut se dilater au point de contenir dix litres d'eau).

Le plumage des Pélicans est d'un beau blanc

nuancé de rose clair sur toutes les parties. Cet oiseau, que les anciens nommaient « Onocrotalus, » parce qu'ils avaient trouvé dans ses cris quelque chose du braiment de l'âne, vit habituellement dans les contrées orientales de l'Europe.

Il est très commun sur les rivières et les lacs de la Hongrie et de la Russie, où il porte le nom de « Femme - Oiseau ; » on le trouve également par troupes nombreuses sur le Danube. Quoique rare en France, il s'y rencontre cependant quelquefois.

Dans certaines contrées, on emploie la peau de la poche des Pélicans à différents usages ; quelques peuplades s'en font des bonnets ou plutôt des calottes imperméables ; d'autres, en la laissant adhérente à la mandibule inférieure du bec, s'en servent pour rejeter l'eau qui pénètre dans leurs pirogues. Les Siamois en filent des cordes d'instrument, qu'ils fixent sur la carapace vide des tortues, et se fabriquent ainsi des guitares. Dans les parages où ces oiseaux sont communs, les matelots européens se font de cette peau d'élégantes bourses à tabac, et de longs tuyaux de pipes avec les os des ailes.

A l'état de liberté, les Pélicans se nourrissent exclusivement de poissons vivants qu'ils chassent et saisissent avec beaucoup d'adresse ; très voraces, chacun d'eux engloutit dans une seule pêche autant de poissons qu'il en faudrait pour le repas de six hommes.

Ce sont des oiseaux retoutables pour les animaux avec lesquels ils ne sympathisent pas ; d'un coup de leur bec-poignard, long d'un pied, ils peuvent tuer un chien en lui perçant la tête, ils peuvent également briser la jambe d'un homme ; en colère, le claquement de leurs longues mandibules produit un bruit semblable au cliquetis que feraient deux bâtons fortement frappés l'un sur l'autre ; jamais un chien ne va dans l'eau chercher un de ces oiseaux blessés tant que celui-ci peut remuer la tête.

De temps en temps, le Pélican pousse un cri terrible, qui n'a rien de la voix d'un oiseau, mais qui ressemble bien plutôt au rugissement d'un des grands carnassiers.

Les ailes des Pélicans mesurent de 2 m. 64 c. à 3 m. 32 c. d'envergure. Ils appartiennent à l'ancien et au nouveau continent.

Paons.

Voy. *Grand Bassin.*

Pécari à collier de Cayenne.

Le Pécari, appelé aussi « Cochon d'Amérique ou des bois, » est de la grosseur d'un chien de moyenne taille ; il a toutes les apparences extérieures d'un jeune sanglier ; les poils sont épais, raides ; ce sont de véritables soies, et leurs anneaux larges, alternativement noirs et blancs, donnent à l'animal un pelage tiqueté uniformément de ces deux couleurs. Les Pécaris ne voyagent pas dans les forêts en troupes nombreuses, mais ils se tiennent par petites bandes dans les cantons où ils ont pris naissance. Le creux des arbres, les cavités formées en terre par d'autres animaux, leur servent de demeure ; ils s'y retirent dès qu'ils sont poursuivis, et les femelles y déposent leurs petits. « Ces mammifères, dit Laborde, entrent dans leurs retraites à reculons, et s'y entassent en aussi grande quantité que ces terriers peuvent en contenir.» La chair de cet animal est tendre et de fort bon goût. C'est le meilleur des gibiers de l'Amérique méridionale.

Les Pécaris mangent de tout, comme les pourceaux domestiques, mais ils se nourrissent généralement de fruits sauvages et de racines, qu'ils recherchent en fouillant la terre à la manière des sangliers. Ils se défendent bravement contre tous les animaux féroces, et attaquent tous ensemble et avec fureur ceux qui cherchent à leur nuire.

Les Pécaris n'ont encore été rencontrés que dans les forêts de l'Amérique méridionale, où ils vivent en tribus nombreuses.

Sanglier de France.

Il atteint ordinairement la taille de nos plus grands cochons. Tout son corps est couvert de poils ou

« soies » d'un brun noirâtre, raides, durs, plus longs sur le dos et autour des oreilles, formant une sorte de crinière quand l'animal est irrité. Ses yeux sont petits, ses membres robustes et ses quatre canines ou défenses, recourbées en dehors et à pointes tranchantes, atteignent, dans les vieux mâles, des dimensions qui en font une arme terrible. La femelle ou « laie » est un peu plus petite que le mâle et moins bien armée. Les jeunes, nommés « marcassins, » sont rayés de blanc et de brun dans leur jeunesse, et alors très recherchés pour la table.

Ces animaux ont l'odorat extrêmement développé, l'ouïe fine, mais la vue faible.

Les Sangliers se plaisent à se vautrer dans la vase ; ils aiment l'eau et nagent avec une grande facilité ; aussi, lorsqu'ils voyagent, ne sont-ils jamais arrêtés par une rivière.

Leur nourriture principale consiste en racines, en grains et en fruits ; mais ils dévorent aussi les reptiles, les œufs des oiseaux et tous les jeunes animaux qu'ils peuvent surprendre. Avec leur boutoir, ils fouillent la terre pour chercher les vers et les larves des hannetons, dont ils sont très friands ; ils déterrent les mulots, les taupes et même les jeunes lapins. Cette habitude de toujours fouiller le sol fait qu'ils ne se plaisent bien que dans les forêts fraîches et sur les terrains humides leur offrant peu de résistance. Ils ne sortent de leur bauge que la nuit, et ils dévastent les champs de pommes de terre, de maïs et autres, où ils peuvent pénétrer.

Pris jeune, le Sanglier s'apprivoise ; mais il serait imprudent de s'y trop fier.

Les Sangliers croissent jusqu'à cinq ou six ans ; la durée de leur vie est de vingt à vingt-cinq ans.

Les Sangliers se rencontrent dans toutes les forêts profondes de l'Europe, de l'Afrique et de l'Asie.

Il n'y a que l'Angleterre, parce que probablement ils y ont été détruits, comme les loups, dans des temps reculés, et la Nouvelle-Hollande qui n'aient point de Sangliers.

Secrétaire de la Haute-Egypte.

Espèce de grand rapace diurne très habile à détruire les serpents.

Cet oiseau, dont le véritable nom est « Serpentaire » ou « Oiseau du Cap, » mais que l'on nomme aussi « Secrétaire, » parce que la longue huppe raide qu'il porte à l'occiput lui donne une grossière ressemblance avec ces hommes de bureau, qui ont la manie de faire un porte-plume de leur oreille, a la tête, le cou et tout le manteau d'un gris bleuâtre ; les ailes noires, la gorge et la poitrine mélangées de blanc ; les jambes fort longues, comme les Hérons, mais couvertes de plumes.

C'est un oiseau très méfiant et singulièrement rusé ; on ne l'approche que difficilement, et on ne le trouve guère que dans les plaines les plus arides et les plus découvertes, lieux que fréquentent les animaux dont il fait sa proie, mais d'où lui-même peut voir venir l'ennemi qui cherche à le surprendre.

Le Secrétaire se nourrit de reptiles, de lézards, de petites tortues, d'insectes et surtout de sauterelles. Sa voracité est extrême. Dans l'état de domesticité, il se nourrit de toutes sortes de viandes, crues ou cuites ; il mange même les poissons, et attaque quelquefois les poussins des oiseaux de basse-cour avec lesquels il vit.

Les Secrétaires ont un port noble, une démarche aisée, des mouvements pleins de dignité ; ils ressemblent, en un mot, sous tous les rapports, aux grands échassiers ; comme eux, ils courent d'une vitesse extrême, et, comme la plupart d'entre eux aussi, ils emploient pour fuir plutôt la course que le vol. Le mâle et la femelle se séparent rarement, et on les trouve presque toujours ensemble. « Pris jeune, le Serpentaire, dit Levaillant, s'apprivoise et se nourrit aisément ; il habite avec la volaille, et si on a soin de le bien nourrir, il ne lui fait aucun mal. Il n'est pas dans sa nature d'être méchant ; au contraire, il semble aimer la paix, car, s'il voit quelque bataille parmi les animaux domestiques, on le voit aussitôt accourir pour séparer les combattants. Beaucoup de personnes, au cap de Bonne-Espérance, élèvent de ces oiseaux dans leurs basses-cours, autant pour y maintenir la paix que pour détruire les lézards, les serpents et les rats, qui souvent s'y introduisent pour dévorer la volaille et les œufs. C'est parce qu'il a été bien constaté qu'il purge les pays qu'il habite de tout reptile venimeux, qu'on a introduit ces oiseaux dans presque toutes les Antilles françaises, pour l'opposer aux terribles et redoutables serpents trigonocéphales (1) qui les infestent. »

Le Serpentaire se trouve dans toutes les plaines arides des environs du Cap, dans l'intérieur des terres et jusque dans le pays des Caffres.

Yack du Thibet.

Le Yack, ou « Buffle à queue de cheval, » appelé aussi « Vache grognante de Tartarie, » est bien incontestablement un bœuf.

Le Yack a tout le corps couvert d'une épaisse toison, comme il convient à un ruminant dont le séjour favori touche presque au niveau des neiges perpétuelles. Les poils sont surtout très longs vers la région des épaules ; ceux du ventre descendent presque jusqu'à terre, ce qui fait paraître l'animal encore plus bas sur jambes qu'il ne l'est réellement. Mais ce

____

(1) Serpent jaune ou vipère fer-de-lance de la Martinique.

qui lui donne surtout un aspect tout particulier, c'est sa queue garnie, depuis l'origine, de crins plus longs et plus fins que ceux du cheval.

Le Thibet est le pays où les Yacks se trouvent en plus grand nombre : on les y fait paître sur les plateaux les plus froids, d'où ils ne descendent que quand tout est couvert de neige. Lorsque les Yacks veulent se coucher, ils se jettent d'abord sur les genoux. Ils ne mugissent point, mais grognent très bas. « Ils haïssent le rouge, et c'est un signe de colère, dit Witsen, lorsqu'ils relèvent la queue. »

Ces animaux sont une propriété importante pour les Tartares nomades ; ils ne labourent point, mais ils sont d'excellentes bêtes de somme. On fait des tentes avec leur poil : leur queue est estimée dans tout l'Orient comme un objet de luxe et de parure ; les Thibétains en font des chasse-mouches, et en fournissent aux Persans et aux Turcs pour ces marques de dignités guerrières que nous appelons improprement « queues de cheval. » C'est aussi de ces queues teintes en rouge que les Chinois ornent leurs bonnets d'été : il y en a d'une aune de long.

Les Thibétains ont pour le Yack le même respect que les Bramines pour le zébu.

Zébu d'Asie. — Zébu de l'Inde.
Zébu du Soudan d'Egypte.

Presque tout le bétail des Indes, de la partie

orientale de la Perse, de l'Arabie, de la partie de l'Afrique située au midi de l'Atlas jusqu'au cap de Bonne-Espérance et de la grande île de Madagascar, est composé de Zébus ou bœufs à bosse.

Cette race y subit encore plus de variétés que la nôtre, par rapport à la grandeur, à la couleur et aux cornes. On en voit de très grands, dont la loupe pèse jusqu'à 50 livres, et d'autres qui ont à peine la taille d'un bouc. Les uns ont des cornes, d'autres n'en ont point. A Surate, on trouve des Zébus qui ont deux bosses. Ils sont généralement gris ou blancs ; ces derniers sont les plus estimés.

Aux Indes, les bœufs courent aussi bien que les chevaux, et un des avantages que le Zébu possède sur le bœuf de nos pays, est de pouvoir être employé à traîner des voitures et des hommes et de parcourir rapidement de longs chemins. On ferre et on en-harnache les Zébus comme nos chevaux, et on guide ceux que l'on monte avec une petite corde qu'on leur passe dans la cloison des narines.

C'est pour cette race de bœufs que les Bramines professent cette vénération religieuse, qui en fait presque pour eux un animal divin.

Ils n'en mangent jamais la chair.

FOSSE AUX OURS

Ours blanc de Sibérie.

Voy. *Ours blanc du Spitzberg* (ANIMAUX FÉROCES).

Ours d'Amérique (Texas).

DONNÉ PAR M. GUILBEAU, CONSUL DE FRANCE A SAINT-ANTOINE
DE BÉJARS.

Voy. *Ours noir de la Louisiane* (ANIMAUX FÉROCES).

Ours bruns.

Voy. *Ours du Taurus* (ANIMAUX FÉROCES).

—

Ours blanc du Spitzberg.

Cet Ours habite les glaces éternelles du pôle bo-
réal, les côtes du Spitzberg, du Groënland, de la
Sibérie; en un mot les plus froides parties du globe.

L'été, retiré dans l'intérieur des terres, il erre so-
litairement dans les forêts et mange les graines, les

fruits et les racines qu'il y trouve. Mais sous les hautes latitudes, les étés sont courts et bientôt les neiges abondantes forcent les Ours blancs à quitter les grands bois.

Ils descendent alors sur les bords de la mer où ils vont sans cesse furetant à travers les glaçons pour se nourrir des cadavres que les vagues rejettent à la côte. Excellents pêcheurs, ils poursuivent sous les eaux les poissons et les mammifères amphibies, les phoques, les jeunes morses, dont ils font leur proie. Ils s'habituent à plonger, nagent avec aisance, et peuvent faire plusieurs lieues sans se reposer.

Quelquefois, si une trop longue course les fatigue, ils cherchent un glaçon entraîné par les eaux, y montent, s'y endorment sans s'inquiéter où cette singulière barque les conduira.

C'est ainsi qu'en Islande et en Norvége, on voit parfois arriver sur des glaçons flottants, des bandes d'Ours affamés, qui se jettent sur tout ce qu'ils rencontrent.

L'Ours blanc atteint quelquefois des proportions effrayantes; les Hollandais de la troisième expédition envoyée pour trouver par le nord un passage aux Indes, disent avoir vu des Ours blancs de 4 m. 32 c. de longueur.

Cet Ours a l'œil petit et noir, ainsi que la langue et tout l'intérieur de la gueule.

La voix de ces animaux ressemble à l'aboiement d'un chien enroué.

Hyène rayée, d'Algérie.

C'est l'Hyène des anciens qu'Aristote semble avoir bien connue, quand il écrit : « C'est un animal à dos voûté, d'un pelage gris jaunâtre, rayé transversalement de bandes noires, et ennemi mortel des chiens. »

Les Hyènes sont des animaux nocturnes, d'un naturel lâche et féroce; elles habitent des cavernes qu'elle quittent la nuit pour aller à la recherche des cadavres et des restes infects abandonnés sur le sol. Souvent dans le silence des ténèbres, elles entrent dans les cimetières, y fouillent les tombes et en emportent les corps morts qu'elles ont déterrés.

Les Hyènes ont une force de cou et de dents extraordinaires ; elles peuvent emporter dans leur gueule des proies énormes, et briser les os les plus durs.

Cette espèce est la plus difficile à apprivoiser ; M. Isidore Geoffroy Saint-Hilaire rapporte que celles de la Ménagerie ne se sont jamais adoucies.

L'Hyène rayée habite la Perse, la Syrie, l'Arabie, l'Egypte, la Barbarie et l'Abyssinie.

Lion du Sennaar.

Lion à pelage rouge brunâtre avec une grande et forte crinière.

Ce roi des animaux, quoique n'ayant pas la pupille nocturne, ne sort de sa retraite que la nuit. Alors, soit qu'il se glisse dans les ténèbres à travers les buissons, soit qu'il se mette en embuscade dans les roseaux, sur le bord des mares, où les animaux viennent se désaltérer, d'un bond terrible, il s'élance sur eux et les déchire.

La figure du Lion est imposante et mobile comme celle de l'homme, et ses passions se peignent dans ses yeux. Sa démarche est légère quoique oblique; sa voix est terrible, et tous les animaux se cachent quand, pendant la nuit, son rugissement fait trembler la forêt. Lorsqu'il menace, son front se ride et se plisse; il relève les lèvres, montre ses énormes dents et souffle comme le chat domestique. Quelque terrible que soit le Lion dans sa colère, il fuit devant l'homme, et ne l'attaque que s'il en est attaqué lui-même. Pris vivant dans des fosses creusées sur son passage et couvertes de gazon, il devient, au dire de Buffon, d'une lâcheté telle, qu'on peut l'attacher, le museler et le conduire où l'on veut.

La Lionne n'a pas de crinière et est généralement d'un quart plus petite que le Lion.

Les Lions vivent de 30 à 35 ans.

Tigre royal de l'Inde.

Cet animal est plus le grand et le plus terrible de tous les chats. Sa taille égale et surpasse même celle du Lion ; mais il est plus grêle, plus svelte ; sa tête est plus arrondie, et ses jambes sont plus longues. Son pelage est d'un fauve vif, partout irrégulièrement rayé de noir.

Le Tigre habite les Indes Orientales et leurs archipels, ainsi que les immenses déserts qui séparent la Chine de la Sibérie.

C'est le plus élégant des animaux.

Le Tigre n'est pas plus cruel que le Lion, mais il est plus rusé pour approcher sa proie, plus audacieux pour l'attaquer et plus courageux pour la combattre. Poussé par la faim, il se jette sur tous les animaux, même sur l'homme, et dans ce cas aucun danger ne l'intimide. On en a vu sortir de la forêt, s'élancer avec la rapidité de l'éclair, saisir un cavalier au milieu de dix personnes, l'emporter dans les bois et disparaître avant même qu'on ait eu le temps de le poursuivre ; cette audace indomptable qui lui fait braver les armes de l'homme, le rend pour notre espèce le plus terrible des animaux.

Le Tigre est la terreur des Indes Orientales.

La femelle met bas de trois à cinq petits, qu'elle cache de la même manière que la lionne, pour empêcher le mâle de les dévorer.

Lion du Sénégal. — Lion du Darfour.

Crinière peu épaisse, tête fine, pelage jaune blanchâtre (Voy. *Lion du Sennaar*).

Lion du Cap.

Ce Lion jaune du cap de Bonne-Espérance est peu dangereux, il s'approche facilement des habitations, et se glisse dans les basses-cours pour s'emparer des chiens, des moutons, et, quand il le trouve endormi, du gros bétail. Ce Lion est craintif, une pierre qu'on lui jette le met en fuite ; bien différent en cela d'un autre Lion du Cap, le «Lion noir» le plus féroce, le plus brave, le plus redoutable de tous les Lions, et que les Hottentots ne désignent que sous le nom du «Mauvais Esprit» et du «Mangeur d'hommes.»

Lionceaux de Guelma.

Tous les petits Lionceaux se ressemblent en naissant ; leur pelage est laineux pendant leur jeunesse, et d'une couleur foncée, avec de petites raies brunes transversales, sur les flancs et à l'origine de la queue. Ce n'est qu'à cinq ou six ans, lorsqu'ils deviennent complétement adultes, qu'il ne reste plus aucune trace de cette livrée juvénile ; dès l'âge de trois ans, la crinière pousse aux mâles.

Les jeunes Lions ont tous les instincts et les habitudes des jeunes chats ; ils se plaisent aux mêmes drôleries, sautent, tournent sur eux-mêmes, font rouler des pommes de pin, des têtes d'animaux morts, des boules, s'ils se trouvent en captivité, et s'amusent entre eux et avec leur mère en poussant des cris de joie qui font fuir tous les animaux du voisinage.

Lynx de Wolhynie.

Cet animal est long de 75 à 80 centimètres, c'est-à-dire que sa taille est presque le double de celle du chat sauvage. Le dos et les membres sont d'un roux clair, avec des mouchetures d'un brun noirâtre ; le tour de l'œil, la gorge, le dessous du corps et le dedans des jambes sont blanchâtres.

Comme le loup, le Lynx pousse une sorte de hurlement pendant la nuit ; il attaque de préférence les jeunes chevreuils, et ce sont ces deux habitudes qui lui ont probablement valu des chasseurs son nom vulgaire de « Loup-Cervier. »

Il est commun dans les forêts du nord de l'Europe, de l'Asie et du Caucase.

Aussi agile que fort, le Loup-Cervier grimpe sur les arbres avec une facilité prodigieuse. Il surprend les oiseaux dans leurs nids et poursuit les martres et les écureuils, qui ne peuvent lui échapper. Quelquefois, il se place en embuscade sur une basse branche, et de là s'élance sur un faon de renne, de cerf ou de daim ; il lui saute sur le cou, s'y cramponne avec ses ongles, et ne lâche prise que lorsque sa proie est abattue.

Il lui fait alors un trou derrière le crâne et lui suce la cervelle par cette ouverture.

Pris jeune, il s'apprivoise et devient même caressant.

Quoique ses formes paraissent assez épaisses, il est plein de grâce et de légèreté ; son œil est brillant, mais doux et expressif.

Comme le chat, il est d'une propreté recherchée. Sa robe fournit une assez jolie fourrure. C'est un grand destructeur de lièvres, de lapins, de perdrix et d'autre gibier.

Panthère noire de Java.

La Panthère n'habite que les forêts ; elle monte sur les arbres avec une extrême agilité, afin de poursuivre les singes et les autres animaux grimpeurs dont elle se nourrit. Ses yeux sont vifs, dans un mouvement continuel ; son regard est cruel, effrayant, et ses mœurs sont d'une atroce férocité. Elle n'attaque pas l'homme quand elle n'est pas insultée ; mais, à la moindre provocation, elle entre en fureur, se précipite sur lui avec la rapidité de la foudre, et le déchire avant qu'il ait eu le temps de se mettre en défense.

La nuit, elle vient rôder autour des habitations isolées pour surprendre les animaux domestiques, les chiens surtout.

Faute de proie vivante, elle se nourrit de cadavres.

La Panthère est particulièrement commune au Bengale, dans les îles de la Sonde, à Java et à Sumatra.

Le cri de la Panthère ressemble au bruit d'une scie.

La queue de la Panthère est aussi longue que le corps et la tête pris ensemble.

Jaguar mâle du Para.

Jaguar femelle du Brésil.

Après le tigre et le lion, cet animal est le plus grand dans son genre. D'Azara dit en avoir mesuré un qui avait 2 mètres de longueur, non compris la queue, qui elle-même était de 60 centimètres.

Son pelage est d'un fauve vif en dessus, semé de taches plus ou moins noires, formant comme des anneaux.

Le Jaguar est répandu depuis le Mexique exclusivement jusque dans le sud des pampas de Buenos-Ayres. Les bois marécageux du Paraguay et des pays voisins sont peut-être les endroits où il s'est le plus multiplié et où il est le plus dangereux.

Au Brésil et à la Guyane, au lever et au coucher du soleil, on entend régulièrement son cri retentir à une grande distance ; il consiste en un son flûté,

3

avec une très forte aspiration pectorale, ou bien, quand l'animal est irrité, en un râlement profond qui se termine par un éclat de voix terrible.

Le Jaguar se plaît particulièrement dans les grandes forêts traversées par des fleuves, dont il ne s'éloigne pas plus que le tigre, parce qu'il s'y occupe sans cesse de la chasse des loutres et des pacas. Comme le tigre, il nage avec beaucoup de facilité, et va dormir, pendant le jour, sur les îlots, au milieu des touffes de joncs. Il ne quitte sa retraite que la nuit, s'embusque dans les buissons, attend sa proie, se lance sur son dos en poussant un grand cri, lui pose une patte sur la tête, de l'autre lui relève le menton et lui brise ainsi le crâne, sans avoir besoin d'y mettre la dent. Il est d'une force si extraordinaire, qu'il traîne aisément dans le bois un cheval ou un bœuf qu'il a tué. Il attaque les plus grands caïmans, et s'il est saisi par eux, il a l'intelligence de leur crever les yeux pour leur faire lâcher prise.

En plaine, le Jaguar fuit presque toujours devant l'homme.

Quoique grand, il grimpe sur les arbres avec autant d'agilité qu'un chat sauvage, et fait aux singes une guerre cruelle.

La nuit, rien n'égale son audace ; et, sur six hommes dévorés en un mois par les Jaguars, trois, à la connaissance d'Azara, furent enlevés devant un grand feu de bivouac.

Ours aux grandes lèvres.

Cet animal a ordinairement un peu plus de trois pieds de longueur. Son pelage est d'un noir foncé ; il a sur la poitrine une tache blanche.

Mais ce qui le distingue au premier coup d'œil de tous les autres Ours, ce sont ses lèvres longues, pendantes, mobiles et son museau très allongé.

Sa langue est d'une longueur extraordinaire.

Selon Duvaucel, il est très commun au Bengale, particulièrement dans les montagnes du Silhet, où il passe pour être entièrement frugivore.

Il est intelligent, d'un naturel doux et joyeux, et s'apprivoise aisément. On le dresse comme son voisin, l'Ours de Bornéo, à plusieurs exercices

Ours Euryspile de Bornéo.

Cet animal a la tête arrondie et le front large. On le trouve à Bornéo, à Java, à Sumatra, dans d'autres îles de la Sonde et au Pégu.

Son museau est assez court; son pelage noir luisant; il a le museau d'un fauve jaunâtre et une grande tache de la même couleur, à peu près en forme de cœur, sur la poitrine.

Cet animal est peu farouche et ne manque pas d'intelligence, car les Malais l'apprivoisent et lui apprennent facilement à danser, à sauter, à faire la culbute et à battre du tambour, pour amuser le peuple. Ils y réussissent d'autant mieux que cet animal, dans sa petite taille, a, dans l'expression faciale, dans les gestes et dans la tournure quelque chose de tellement grotesque, qu'il excite inévitablement le rire.

Dans toute la Malaisie, on ne le connaît que sous le nom de « l'Ours bateleur. »

Ours noir de la Louisiane.

« L'Ours noir, dit M. Dupratz, paraît l'hiver dans la Louisiane, parce que les neiges qui couvrent les terres du nord, l'empêchant de trouver sa nourriture, le chassent des pays septentrionaux. »

Cet Ours vit de fruits, de glands et de racines, mais son mets le plus délicieux, c'est le miel; lorsqu'il en rencontre, il se laisserait plutôt tuer que de lâcher prise.

Une des particularités de l'Ours noir, c'est qu'il n'est pas carnassier, et que même quand la faim le tourmente, jamais il ne mange la chair des animaux; cependant il est pêcheur et se nourrit de poissons. En hiver, l'Ours noir descend des bois et vient pêcher sur le bord des rivières. Il nage et plonge fort bien, et s'empare de sa proie avec beaucoup d'adresse.

Il se plaît particulièrement dans les forêts d'arbres résineux, et se loge dans les cavités formées dans leur tronc. La plus haute est toujours celle qu'il choisit de préférence, et il n'est pas rare de le trouver établi à plus de 40 pieds de hauteur. Pour le prendre, les Américains mettent le feu au pied de l'arbre, et le forcent ainsi à sortir de son trou.

Il descend alors à reculons, comme font tous les Ours, et lorsqu'il est près de terre, les chasseurs l'abattent d'un coup de fusil tiré à bout portant.

Le cri de l'Ours noir est très différent de celui de l'Ours brun ; il consiste dans des hurlements qui ressemblent à des pleurs.

C'est avec sa fourrure que l'on fait en France les bonnets de grenadiers. Sa graisse remplace avantageusement le beurre ; ses pieds offrent un mets très délicat, et ses jambons, salés et fumés, ont une grande réputation aux États-Unis, et dans toute l'Europe.

Aussi, les Américains lui font-ils une chasse continuelle.

Ours brun du Taurus. (1)

L'Ours brun habite les hautes montagnes et les grandes forêts de toute l'Europe, d'une partie de l'Asie et de l'Amérique.

(1) Taurus, une des huit grandes chaînes de montagnes en Asie.

Dans les grands bois, qu'il ne quitte guère que poussé par la faim, l'Ours mène une vie solitaire et sauvage. Il se loge dans les cavernes, les trous de rochers, et plus souvent encore dans les troncs caverneux des vieux arbres. C'est là qu'il passe ses journées à dormir, en attendant la nuit.

Bien que ses mâchoires soient armées de dents redoutables, ses mœurs ne sont pas carnassières, et il n'attaque un être vivant que pour se défendre, ou quand il est poussé par une faim terrible.

Ordinairement il se nourrit de baies sauvages, de jeunes pousses, de graines, de racines. Si cette nourriture manque dans les forêts, il les quitte, se jette dans la plaine, et fait alors de grands ravages dans les champs d'orge et de maïs.

Il n'est jamais dangereux pour l'homme, à moins qu'il n'en soit attaqué.

Malgré ses formes grossières, ses membres épais, et la pesanteur de ses allures, il ne faut pas croire que l'Ours soit un animal stupide; il est, au contraire, plein de finesse, et la preuve, c'est qu'il ne donne jamais dans les piéges qu'on lui tend. Sous cette enveloppe d'un aspect si rude, existe une perfection de sensation peu commune dans les animaux : sa vue, son ouïe et son toucher sont excellents, quoiqu'il ait l'œil petit, l'oreille courte, la peau épaisse, le poil fort et touffu.

Ours des Asturies.

Cet Ours est petit, d'un blond jaunâtre sur le corps et noir sur les pieds. Il habite les montagnes des Asturies (Espagne.)

CAGE DES CHACALS.

Les anciens racontaient que le lion, lorsqu'il allait à la chasse, était conduit par un petit animal qui lui découvrait sa proie. Le roi des forêts, après l'avoir atteinte et terrassée, ne manquait jamais d'en laisser une partie pour son guide, qui l'attendait à l'écart, et qui n'osait en approcher que lorsque le lion s'était retiré. Les Grecs nomment cet animal, dans leurs ouvrages, le « Pourvoyeur du lion. » Or, ce petit animal que l'on nommait ainsi, n'était soi-disant autre que le Chacal. Mais les anciens ne savaient pas mieux que nous ce qu'était ce guide complaisant; car ils avaient tiré ce conte d'une jolie fable indienne de Pilpaï, et voici cette fable : « Un vautour de-
» mandait un jour au Jackal qui marche toujours de-
» vant le lion pour faire partir le gibier : — Pour-
» quoi t'es-tu consacré ainsi au service du lion ? —

» C'est parce que je me nourris des restes de sa table.

» — Mais par quels motifs ne l'approches-tu jamais ?

» tu jouirais de son amitié et de sa reconnaissance.

» — Oui, mais c'est un grand : s'il allait se mettre

» en colère... »

Aujourd'hui l'on ne discute plus sur les apologues, et l'on sait que le lion n'a pas besoin d'un autre pourvoyeur que lui-même.

Les Chacals ou Jackals vivent en troupes nombreuses, particulièrement dans les vastes solitudes de l'Afrique et de l'Inde. Ils dorment le jour, et la nuit ils parcourent la campagne pour chercher leur proie tous ensemble, et, pour ne pas trop se disperser, ils font continuellement retentir la campagne d'un cri lugubre ayant quelque analogie avec le hurlement des loups et l'aboiement des chiens. C'est aux gazelles et aux antilopes qu'ils font la guerre la plus cruelle. Ils les chassent avec autant d'ordre que la meute la mieux dressée, et joignent à la finesse du nez du chien, la ruse du renard et la perfidie du loup Les Chacals se jettent sur tous les aliments qu'ils rencontrent, et ne manquent jamais d'emporter ceux qu'ils ne peuvent dévorer. Toutes les matières animales conviennent à leur voracité, et ils attaquent, faute de mieux, les vieux cuirs, les souliers, les harnais des chevaux, et jusqu'aux couvertures de peaux des malles et des coffres. Comme les hyènes, ils vont rendre visite aux cimetières mal clos et mal gardés des Musulmans, déterrent les cadavres et les dévorent.

Le voyageur Delon rapporte que dans le Levant, on élève les Jackals dans les maisons; cet animal du reste se prive fort bien, et plusieurs de nos officiers en promènent à l'attache dans les rues d'Alger. — Le Chacal a le pelage d'un gris jaunâtre varié de noir en-dessus, et le dessous d'un fauve clair. Sa taille est à peu près celle du renard; mais il est plus haut sur jambes, et sa tête ressemble à celle du loup. On le trouve dans toute l'Afrique, en Asie, depuis la Turquie jusque dans l'Inde et en Morée.

PALAIS DES SINGES

On connaît un grand nombre d'espèces dans la
famille naturelle des Singes, et toutes sont intéres-

santes, quel que soit le point de vue sous lequel on les étudie.

La pétulance et la mobilité des uns, la lenteur et le calme affecté de quelques autres, la variété, la finesse des instincts chez tous, la forme de leur corps, toujours plus ou moins analogue à la nôtre, aussi bien que leur physionomie, et parfois même leur démarche, tout, dans ces singuliers animaux, appelle et retient l'attention.

C'est pour ces causes que les Singes excitent dans toutes les classes de la société et chez tous les peuples en général, un profond sentiment de curiosité. En effet, il est facile de reconnaître en eux un acheminement de moins en moins imparfait de l'animalité vers le genre humain.

Les Singes ont pour patrie générale les zones intertropicales; on les trouve aux mêmes latitudes à peu près en Amérique, en Afrique, et dans les îles de l'archipel Indien.

L'Afrique est peuplée de Singes dans tous les lieux où l'homme a pénétré; mais le pays de Congo, le Sénégal et le cap de Bonne-Espérance, semblent être leur patrie de prédilection.

Les rochers de Gibraltar, inaccessibles à l'homme sur plusieurs points, et dans lesquels quelques magots se sont échappés, sont les seuls endroits en Europe, où il existe des Singes vivant à l'état de liberté.

Les Cercopithèques.

(Nom grec qui signifie porteur d'une longue queue.)

Les Cercopithèques ou Guenons sont, à la fois, sauteurs et grimpeurs par excellence; ils montent le long d'une surface verticale avec une rapidité comparable à celle d'un quadrupède agile, courant sur le sol. Ils franchissent par le saut de grands espaces, toujours sûrs d'eux-mêmes, et s'élançant avec une dextérité et une justesse de coup d'œil étonnantes vers le but qu'ils veulent atteindre. Le saut est tellement leur allure naturelle, qu'à terre même, c'est par suite de sauts, et non de pas, qu'ils avancent.

Les Cercopithèques vivent par troupes nombreuses dans les forêts, exécutant de branches en branches, souvent d'arbres en arbres, et à une hauteur prodigieuse, des bonds qui feraient pâlir les plus hardis bateleurs. Chaque troupe a une sentinelle qui, si elle voit paraître un ennemi, jette aussitôt son cri d'alarme. A ce signal, toute la troupe se rassemble sur une seule cime, et de cette cime comme d'une forteresse élevée, chaque individu, caché derrière une branche, lance sur l'ennemi commun une foule de projectiles, tels que morceaux de bois, fruits à écorces dures, branches d'arbres, etc.

Les Cercopithèques se rendent de la sorte si redoutables, que non-seulement les nègres craignent de pénétrer dans les parties de forêts qu'ils habitent, mais que les grands quadrupèdes, les lions et les éléphants eux-mêmes, sont parfois obligés de fuir devant des ennemis qui les harcèlent, les poursuivent et les atteignent, sans jamais pouvoir être atteints eux-mêmes. Il n'en est pas cependant toujours ainsi, et les Cercopithèques ont des ennemis redoutables dans les aigles et les serpents, qui, s'abattant sur eux pendant le jour ou se glissant la nuit le long des arbres, et montant jusqu'à leur retraite, les surprennent et les dévorent. Ces animaux sont avides de miel, d'insectes et d'œufs, qu'ils mangent avec délices, mais le fond de leur nourriture consiste en feuilles, en fruits et en racines.

Ces singes ont les formes grêles, les membres longs ainsi que la queue ; le museau court, le nez très peu saillant, le pelage bien fourni.

Les Cercopithèques sont tous du continent africain.

Cercopithèque-Grivet d'Afrique.

Cette espèce habite l'Egypte, l'Abyssinie et le Sennaar.

Elle a une bande blanche au-devant du front ; les joues sont garnies de longs poils blancs, dirigés en arrière. Le pelage est d'un vert jaunâtre tiqueté sur la tête, le dos, les épaules et les flancs ; le dessus de la queue est d'un gris qui, devenant de plus en plus brun, passe au noir vers l'extrémité. La face et les mains sont noires.

Le Grivet était bien connu des anciens ; Pline dit qu'on trouve en Éthiopie des singes « à tête noire, à poils d'âne, » etc., et la forme de cette guenon, creusée dans le granit des obélisques, figure sur beaucoup de monuments égyptiens.

Cercopithèque-Callitriche.

Espèce du Sénégal et des îles du Cap-Vert, très distincte par son pelage d'un vert doré vif, passant au gris sur la face externe des membres, et sur une partie de la queue, et par un « flocon de poils jaunes » terminant celle-ci.

Le Callitriche a la face plus allongée que le « Grivet. »

C'est le plus commun des Cercopithèques.

Cercopithèque ou Guenon Patas.

Les nègres de la côte d'Afrique prétendent savoir de bonne source que ce singe a la faculté de parler, qu'il en userait s'il le voulait, mais que, par finesse, il s'en garderait bien, craignant que s'il exprimait ses pensées dans une langue connue, les bons blancs ne le fissent aussitôt travailler.

Ces singes intelligents marchent et courent avec

difficulté, mais sautent et grimpent avec une prodigieuse aisance, et un des sujets les plus grands d'étonnement, lorsqu'on les rencontre par troupes nombreuses dans les forêts tropicales, est de voir la variété grotesque de leurs attitudes, et la bizarrerie multiforme de leurs gestes : il n'est point de position difficile qu'ils ne prennent, point de sauts périlleux qu'ils ne tentent, et cela, avec une prestesse, une audace, une précision qui enchante. Ils ont des ailes, disent les nègres, mais ils ne les montrent pas.

Les Patas sont les singes les plus nombreux, les plus actifs et les plus jovials de notre Muséum. — Ce sont eux qui, par leurs poursuites et leurs gambades extravagantes, leurs grimaces ridicules et les mauvais tours qu'il se plaisent à jouer aux autres singes, tiennent, chaque jour, rivée à leur moindre geste, l'attention des foules, et font délirer de joie les gamins.

Les Patas se font facilement reconnaître par leur nez noir, leur pelage roux ardent sur le dessus du corps blanc et grisâtre en dessous.

Au repos, ils se tiennent assis sur leurs fesses, et pour dormir, ils laissent, ainsi assis, tomber leur tête sur leur poitrine.

Les Patas habitent la côte occidentale de l'Afrique, et particulièrement le Sénégal.

Très fréquemment transporté en Europe, ce singe

y vit plus difficilement que les autres espèces à pelage vert.

Coati brun du Brésil.

Nom américain d'un mammifère carnassier.

Les Coatis, dont la taille approche de celle du
renard commun, sont des animaux de forêts qui
grimpent aisément : aussi leur vie entière se passe-
t-elle sur les arbres, où ils vont dénicher et surprendre les oiseaux. Lorsqu'ils en descendent, ils
ont la tête en bas, se maintenant aux troncs au
moyen de leurs griffes puissantes. L'odorat les guide
dans toutes leurs explorations ; leur nez, sans cesse
en mouvement, les aide dans la découverte des insectes et des vers : ils les sentent parmi les herbes,
ou, au moyen de leur espèce de groin, ils les fouillent dans la terre. Comme la plupart des carnassiers plantigrades, ils sont omnivores, et, suivant
les circonstances, vivent de fruits, de reptiles, de
rats, d'œufs, d'insectes, ou de petits animaux. Leur
caractère n'est pas farouche, et on les apprivoise
aisément. A la ménagerie de Paris on les tient avec
les singes, et l'habitude qu'ils ont de grimper leur
donne une certaine analogie avec ces animaux. Dans
les forêts, à l'état sauvage, les Coatis sont nocturnes, ils dorment le jour et ne sortent que la nuit.
Lorsqu'ils éprouvent de la colère, ils l'expriment
par une sorte d'aboiement très aigre ; ils manifes-

tent leur joie, au contraire, par un petit sifflement doux ; leur morsure est dangereuse à cause de leurs canines fortes et tranchantes. Ils boivent en lapant, et se couchent en rond comme les chiens.

Le pelage du Coati est d'un brun noir mélangé d'un peu de gris sur toutes les parties supérieures du corps, et d'un jaune sale aux parties inférieures. La tête est grise, les côtés du museau sont noirs, bordés en dessus de deux rubans blancs ; il a le poil très épais sur tout le corps, et une queue longue, annelée de noir, qu'il porte étendue horizontalement.

Les Coatis se trouvent dans l'Amérique méridionale, au Brésil, au Chili, dans les Andes, à la Guyane et au Paraguay.

Coati brun du Mexique.

Voy. *Coati du Brésil*.

Cynopithèque, magot des Célèbes.

M. Isidore Geoffroy Saint-Hilaire a nommé ainsi un genre de singes avant pour type le « Macaque noir. »

Le Cynopithèque est un singe tout noir, dépourvu de queue, et qui paraît jouir d'une assez forte somme d'intelligence. Cette espèce fort remarquable des îles Célèbes a le pourtour des oreilles roulé, comme chez les guenons et les singes supérieurs.

Didelphe du Brésil.

Ce sont des animaux peu intelligents, crépusculaires et même nocturnes, vivant de fruits, d'œufs et d'insectes. Leur grosseur ne dépasse guère celle du chat domestique.

Tous sont américains, mais on en trouve dans l'Amérique septentrionale, depuis les États-Unis jusqu'en Patagonie.

Ecureuil auréogastre du Mexique.

Les Écureuils, sauf la couleur du pelage qui diffère, sont les mêmes, comme instincts et comme habitudes, sous toutes les zones qu'ils habitent.

L'Écureuil est un joli petit animal qui n'est qu'à moitié sauvage; il n'est ni carnassier, ni nuisible, quoiqu'il saisisse quelquefois des oiseaux. Sa nourriture habituelle sont des fruits, des amandes, des noisettes, de la faine et du gland. Il est propre, vif, alerte, très éveillé, très industrieux; il a la physionomie fine, le corps nerveux, les membres dispos, il est de plus orné d'une belle queue en forme de panache, qu'il relève jusque sur sa tête, qui lui sert de chasse-mouche et sous laquelle il se met à l'ombre. On ne le trouve point dans les champs, dans les pays de plaine; il ne reste point dans les jeunes taillis, mais se plaît dans les grands bois, dans les forêts sombres ; il est l'ami des beaux arbres et des vieilles futaies. Le poil de la queue des Écureuils sert à faire des pinceaux.

Gerboises.

Les Gerboises vivent de racines et de grains ; elles boivent peu ; elles se creusent des terriers comme les lapins, s'y disposent un lit de feuilles ou de mousses, et passent l'hiver dans un engourdissement léthargique. Elles portent leurs aliments à la bouche avec les pattes de devant. Les Gerboises ont une vie nocturne ; la lumière les incommode, et pendant le jour elles dorment. L'allure ordinaire des Gerboises est le saut ; elles peuvent franchir une distance de plus de 3 mètres par bond. Il est difficile de les conserver en captivité, il faut les mettre dans des cages de fil de fer ou dans des boîtes garnies de tôle, car elles rongent avec une extrême facilité les bois les plus durs.

Le corps de cet animal est long d'environ 16 centimètres ; la queue est plus longue que le corps. Le pelage est fauve en dessus et blanc en dessous.

Le Gerbo habite les contrées sablonneuses et désertes de l'Afrique septentrionale, de l'Arabie et de la Syrie ; il y vit en troupe et se nourrit principalement de bulbes de plantes.

—

Gerbille.

Les Gerbilles se rapprochent beaucoup des gerboises. La tête des Gerbilles est allongée comme celle des rats, tandis que chez les gerboises, le crâne est plus arrondi.

Les Gerbilles habitent l'ancien continent; elles se trouvent en Égypte, en Perse, au cap de Bonne-Espérance et en Sénégambie.

Ces animaux, toujours de petite taille, vivent de la même manière que les gerboises; ils se creusent des terriers assez spacieux, dans lesquels ils amassent de nombreuses provisions. Les Gerbilles ne sortent guère que la nuit.

Kanguroo.

Nom donné par les naturels de la Nouvelle-Hollande à un grand mammifère de l'ordre des marsupiaux.

Ces animaux sont remarquables par l'extrême disproportion qui existe entre leurs membres antérieurs et postérieurs : on dirait même que toute la partie supérieure de leur corps, qui est grêle et faible, a été en quelque sorte sacrifiée à la partie inférieure : leurs pieds de derrière sont d'une force et d'une longueur étonnantes, et leur queue, par son épaisseur et la vigueur de ses muscles, leur rend autant de services qu'une jambe de supplément.

Ce sont des animaux essentiellement herbivores, qui vivent en petites troupes, conduites par de vieux mâles; ils se tiennent de préférence au milieu des forêts peu épaisses, aimant à s'apercevoir les uns les autres, et à se jouer dans les clairières.

Les Kanguroos ont deux modes de progression, le saut et la marche; celle-ci rampante et gênée; celui-là terrible.

Effrayés ou poursuivis, ils font des sauts de 6 à 10 mètres d'étendue et de 2 à 3 mètres de hauteur; dans leurs bonds, ils se servent de leur queue comme d'un ressort puissant : blessés ou surpris, ils se défendent avec un rare courage, et leurs ruades font des blessures profondes aux chiens qui les approchent. La chair du Kanguroo est assez bonne; le morceau le plus délicat de l'animal, cependant, est la queue, avec laquelle les cuisiniers de Melbourne confectionnent des soupes, qu'ils prétendent supérieures à tous les potages européens. Il y a des Kanguroos grands comme des chèvres; il y en a d'autres de la taille des lapins. Ce Kanguroo de petite espèce, appelé Kanguroo-Rat, est beaucoup plus craintif que le Kanguroo-Géant; il se trouve en grand nombre sur plusieurs points de la Nouvelle-Hollande, où il vit tranquille et caché, dans des buissons impénétrables, formés d'une espèce de « mimosa » noueux et épineux, qui ne s'élève guère à plus de 2 mètres au-dessus du sol, mais dont les branches enlacées et les sombres profondeurs leur fournissent des retraites inaccessibles.

Pris jeunes, toutes les espèces de Kanguroos s'accoutument à l'homme avec la plus extrême facilité; et il n'y a pas une ferme en Australie, pas un hôtel, ou une station militaire dans l'intérieur des bois, qui n'en possèdent plusieurs, réduits à un état de domesticité parfaite, et ces animaux sont si bien apprivoisés qu'ils viennent d'eux-mêmes, aux heures des repas, manger les miettes qui tombent de la table et les fruits qu'on se plaît à leur jeter.

Kinkajou.

Le Kinkajou ou Cercolèpe (qui signifie la faculté qu'a la queue de cet animal de s'accrocher aux corps environnants) est un mammifère frugivore de l'Amérique méridionale.

D'un pelage gris jaunâtre, avec une teinte dorée sur la poitrine; ses yeux sont noirs, ses oreilles et son museau violâtres.

La nourriture du Kinkajou consiste plutôt en fruits qu'en matières animales, quoique cependant cette belette américaine paraisse aimer le sang : d'après les observations de M. de Humboldt, elle détruit une grande quantité d'abeilles sauvages dans les forêts et se sert de sa longue langue pour sucer leur miel.

C'est un animal nocturne, dont la marche est lente

et chez lequel, par contre, les sauts s'exécutent avec la plus grande agilité; il grimpe facilement, et sa queue, lorsqu'elle est enroulée aux branches, fait l'office d'un cinquième membre, qui permet à l'animal, ainsi suspendu, d'employer ses pieds et ses mains à divers autres usages.

Il porte le plus souvent les aliments à sa bouche, boit en lapant, et dort couché sur le côté, la tête ramenée sur la poitrine et recouverte par ses bras.

Le Kinkajou habite le Chili, le Pérou, le Brésil et le Paraguay.

Macaque.

Les Macaques sont des singes de taille moyenne, dont le museau est plus gros et plus prolongé que celui des guenons. Les dents sont au nombre de trente-deux, comme chez tous les singes. La tête plus ou moins forte, présente sur les orbites un rebord élevé et échancré. Le front a peu d'étendue, les yeux sont très rapprochés. Les fesses sont pourvues de fortes callosités. La queue des Macaques varie de longueur suivant les espèces, et dans l'une d'elles, chez le Magot, elle est réduite à un simple tubercule.

Plus pétulants, et moins dociles que les guenons, les Macaques ont la démarche très vive, et sautent avec beaucoup de vigueur; plus ramassés dans leur taille, plus forts, ils ont aussi des formes moins gracieuses. Les Macaques ont de l'intelligence et de l'adresse, et l'on sait l'éducation que les bateleurs donnent aux magots. Ce sont principalement des Macaques que l'on conserve dans les appartements.

Ces singes habitent l'Afrique, l'Asie et les îles de l'archipel Indien. Leur nourriture sont des fruits et des racines.

Il y en a de plusieurs espèces; nous ne parlerons ici que de celles que possèdent la ménagerie.

Macaque de l'Inde.

Ce singe est principalement caractérisé par son pelage uniformément brun, et surtout par sa face noire.

Macaque Toque.

Ce singe a environ 50 centimètres de longueur depuis le bout du nez jusqu'à l'origine de la queue, et cet organe très grêle, est à peu près aussi long. Il a le pelage d'un gris verdâtre en dessus, avec le dessous du corps et de la queue et la partie interne des membres de couleur blanche.

Macaque Bonnet-Chinois.

La longueur du corps de ce Macaque est de 33 centimètres; la queue double de longueur est très mince. Son pelage est d'un fauve brillant en dessus avec la queue un peu plus brune; les pieds, les mains et les oreilles sont noirâtres. Ce singe a sur le sommet de la tête, des poils longs, divergents du centre à la circonférence, et disposés en forme de calotte; de là son nom de *Bonnet-Chinois*.

Magots d'Afrique.
Magots d'Algérie.

Espèces du genre Macaque. (Voyez ce mot.)

Myopotame du Brésil.

Mammifère de l'ordre des rongeurs, placé par Cuvier entre les castors et les porcs-épics.

La forme générale du corps du Myopotame se rapproche de celle des castors; les pieds sont longs, ceux de devant sont libres et ceux de derrière palmés; la queue est ronde et allongée.

La longueur totale est de près d'un mètre, sur lequel la queue a plus de 33 centimètres. La teinte entière est, sur le dos, d'un brun marron. Cette couleur s'éclaircit sur les flancs et passe au roux vif. Le contour de la bouche et l'extrémité du museau sont blancs; les moustaches, longues et raides, sont également de cette couleur. Comme tous les animaux qui vont souvent à l'eau, les poils de la queue sont rares.

Le Myopotame a, par son pelage et son feutre, des rapports avec le castor; aussi sa fourrure a-telle été principalement employée par le commerce de la chapellerie.

D'Azara, Molina, et plus récemment M. Auguste Saint-Hilaire, s'accordent à donner au Myopotame un caractère doux : il semble s'attacher à ceux qui prennent soin de lui et mange tout ce qu'on lui offre; il s'apprivoise aisément. On ne l'entend crier que quand on le maltraite; sa voix alors consiste en un petit cri perçant.

Il habite les bords des rivières dans des terriers qu'il se creuse, et nage avec beaucoup de facilité. Le femelle fait de cinq à sept petits, qu'elle conduit toujours avec elle.

Le Myopotame est très commun au Brésil, dans les provinces du Chili, de Buénos-Ayres, du Tucuman et du Paraguay.

Marmotte.

Nom donné à un rongeur des hautes montagnes de l'Europe. Les Marmottes ont les formes lourdes et trapues; leur tête plate et épaisse, leurs oreilles arrondies, leurs membres courts et larges, leur petite queue, et leur épaisse fourrure leur donnent une physionomie particulière qu'indique assez bien le nom de « Rat-Ours, » qu'on leur a donné.

Leur démarche est lente et embarrassée; elles courent mal, mais peuvent au besoin s'aplatir de manière à passer dans des fentes très étroites.

Leurs cris ne consistent qu'en un grognement doux, ou en un gros murmure qui se change dans la colère ou la surprise en un sifflement aigu. Elles se creusent avec promptitude une caverne profonde, dans laquelle plusieurs individus se retirent pendant l'hiver, passant cette saison dans un sommeil léthargique.

Pendant les beaux jours, elles recueillent dans leur terrier une grande quantité de foin, qu'elles transportent dans leur bouche; elles s'en forment un lit épais, dans lequel elles se blottissent pour passer la saison des neiges; et les grands froids venus, elles ferment hermétiquement l'entrée de leur retraite, en y accumulant de la terre.

Leur nourriture habituelle consiste en matières végétales, et surtout en racines; mais on les habitue, sans peine, à manger de la viande.

La Marmotte commune habite les montagnes alpines de l'Europe, et y creuse des terriers au-dessus de la région des forêts.

Les montagnards vont l'hiver la prendre dans ses demeures souterraines, où ils la trouvent engourdie et roulée dans son foin; ils la mangent, et vendent sa peau, qui est une fourrure commune et de bas prix.

Makis de Madagascar.

Les Makis ont le corps svelte; la tête longue, triangulaire, à museau pointu; leurs membres sont bien proportionnés, et leur queue plus longue que le corps, est ronde, poilue et très mobile.

Dans leur pays natal, les Makis vivent en troupes sur les arbres, où ils se nourrissent de fruits et d'insectes. Il sont très frileux, et s'exposent autant qu'ils le peuvent aux plus chauds rayons du soleil. Pour dormir, ils se placent toujours dans des lieux d'un accès difficile; et, particularité étrange chez ces animaux, lorsqu'ils sont accouplés par paire, ils se rapprochent ventre contre ventre, s'enlacent avec leurs bras, et dirigent leurs têtes de façon que chacun d'eux peut apercevoir ce qui se passe derrière le dos de l'autre. Organisés pour la maraude et pleins d'audace, ils s'approchent des lieux cultivés, se jettent sur les plantations aux jours des récoltes, et les dévastent. Ils mettent à leurs excursions la plus grande prudence; les plus braves et les plus forts, placés en tête et en queue, conduisent et surveillent. Arrivés sur le lieu du pillage, des sentinelles sont établies et rangées sur une ligne, les fruits ou les plantes sont jetés, par ceux qui les arrachent ou les cueillent, à ceux dont ils sont les plus proches, qui, à leur tour, les jettent à leurs voisins; de sorte que, dans le moins de temps possible, toute une récolte passe de main en main, d'un champ ou d'un verger, dans le repaire de ces animaux dévastateurs.

Le genre des Makis tout entier, composé d'un grand nombre d'espèces, est confiné à Madagascar et dans quelques petites îles très rapprochées de cette terre, telles que celles d'Anjouan.

Phalanger,
renard de la Nouvelle-Hollande.

La taille de ce Phalanger est à peu près celle du chat domestique.

Son pelage aux parties supérieures du corps, est d'un fauve roussâtre, glacé de brun; les lèvres sont noires.

Ces grimpeurs ont le museau saillant, terminé par un petit muffle, les yeux gros, les oreilles larges et profondes; aussi leur ouïe est-elle très délicate. Leur corps est trapu, peu élevé sur jambes et terminé par une longue queue préhensible, avec laquelle ils se pendent et se balancent aux branches.

Leurs membres sont courts, forts et bien disposés pour grimper.

Les femelles ont une poche abdominale assez ample.

Les Phalangers sont des animaux crépusculaires qui vivent dans les forêts épaisses, et se nourrissent essentiellement de fruits et de jeunes pousses. Il est probable néanmoins qu'ils ajoutent aussi des œufs et des insectes à leur régime ordinaire : leur intelligence n'est pas profonde, et leurs ruses peu perfectionnées, jointes à leur grande multiplication, font qu'on les trouve partout où il y a des bois, et qu'on peut aisément se les procurer.

Leur chair, quoique répandant une odeur forte et désagréable, constitue la principale nourriture des tribus sauvages de l'Australie; et les émigrants chercheurs d'or, perdus dans l'immensité des forêts, en quête de nouvelles mines, en détruisent, chaque nuit, une quantité prodigieuse, pour la nourriture de leurs grands chiens. Se plaçant à l'affût sous les gommiers ou sous les arbres à écorce-de-fer (*iron-bark trees*), ils attendent que la lune se lève. Aux premiers jets de la lumière, les Phalangers et les opossums (même famille), s'appelant les uns les autres, sortent de leurs cachettes, trous profonds situés dans le corps des arbres et poussant des cris joyeux, courent et se poursuivent le long des branches. Le chasseur qui s'est placé, la lune lui faisant face, abat alors facilement ces animaux, chaque fois que leur corps, passant entre lui et la lune, fait point noir sur le disque de cet astre. Avec les peaux de ces animaux, cousues les unes aux autres, les femmes sauvages construisent d'excellentes couvertures, appelées « Rugs, » chaudes et légères, dans lesquelles on se cache et l'on s'enroule quand on dort sur la terre nue.

Les Phalangers, dit Buffon, se trouvent dans les Indes méridionales, à Sumatra, et dans la plupart des terres australes, mais ils n'existent ni en Amérique ni ailleurs.

Porc-Épic d'Italie.

Cet animal est une des plus grandes espèces de l'ordre des rongeurs.

Sa longueur, dès l'origine de la queue, est de plus de 64 centimètres; sa tête en a près de 16, et sa queue 10. — Sa physionomie est grossière, ses formes épaisses et sa démarche lourde. La tête et le cou sont garnis de très longs poils, que l'animal peut relever comme une aigrette.

Les piquants ou épines couvrent la partie postérieure des épaules, le dos, les côtés du corps, les cuisses et la croupe. Les plus longs sont sur les côtés. Les épines pleines sont couvertes d'anneaux alternativement, blancs et noirs, et les tubes sont tout à fait blancs, ce qui fait qu'au total, les couleurs du Porc-Épic sont sombres et tristes.

Cet animal fuit les lieux habités, et se choisit pour retraite les coteaux pierreux et arides exposés au midi, sur le penchant desquels il se creuse des terriers profonds et à plusieurs issues, où il vit dans une profonde solitude et une grande sécurité. Il passe le jour caché au fond de son gîte, et ne s'occupe de pourvoir à ses besoins que pendant la nuit. Sa nourriture principale consiste en baies, fruits, bourgeons, racines, etc. L'hiver est pour le Porc-

Épic un temps de sommeil ; mais sa léthargie n'est pas profonde, car aux premiers beaux jours il reparaît.

Cette espèce se rencontre principalement dans le royaume de Naples et dans les parties méridionales des États-Romains.

Polatouches.

Genre de rongeurs établi par Cuvier.

Extérieurement, tous se ressemblent par leur petite taille, leur physionomie, qui est celle des écureuils, et la longueur de leur queue, qui est aplatie, couverte de poils, et non ronde comme celle de ces derniers. Des trois espèces connues, deux habitent les contrées septentrionales de l'Europe et de l'Amérique, et le troisième est propre à l'île de Java.

La manière de vivre des Polatouches est en tout analogue à celle des écureuils, si ce n'est que ces espèces sont éminemment noctures et dormeuses.

Rat rayé ou rat géant.

Ce rongeur, le corps et la tête réunis, est long de 32 centimètres ; la queue est d'égale longueur : il a le corps épais et voûté et les dents incisives très larges.

La patrie de ce Rat est la côte de Malabar, celle de Coromandel, le Mysore, le Bengale entre Calcutta et Hardwar. Il avoisine les habitations de l'homme, pénètre dans les jardins, où il fait de grands ravages, ainsi que dans les granges et les basses-cours, où il détruit les grains et les volailles. Sa chair est mangée par les pauvres Indiens, et ses morsures passent pour être très dangereuses.

Raton laveur de l'Amérique du Nord.

Genre de carnassiers plantigrades placés dans la série zoologique entre les blaireaux et les coatis.

Le Raton laveur ressemble un peu au renard, mai son tronc est plus épais, plus ramassé ; son corps mesure 64 centimètres de long, sa tête 15 à 20, et sa queue environ 16. — La couleur générale de son corps est gris noirâtre, plus pâle sous le ventre, le museau et les oreilles sont blanchâtres ; chaque œil est entouré d'une tache noire ; la queue, très touffue, d'un blanc jaunâtre, offre cinq anneaux noirs.

Les Ratons se nourrissent de racines, et parfois ils montent aux arbres pour prendre des œufs dans les nids et même, dit-on, de jeunes oiseaux. On les apprivoise aisément, et alors ils mangent du pain, de la chair crue ou cuite, et en général tout ce qu'on leur présente. Ils ont la singulière habitude de plonger constamment leurs aliments dans l'eau, et de les rouler ensuite quelque temps dans leurs mains avant de les avaler ; c'est même à cette particularité qu'ils doivent leur surnom de *laveur*. Leur fourrure douce et épaisse était employée autrefois dans la fabrica-

4

tion des chapeaux. Leur graisse sert [aux mêmes usages que celle de l'ours.

Le Raton laveur habite presque toutes les parties de l'Amérique du Nord.

Raton Crabier.

La longueur de cet animal est de 64 centimètres, sa tête en a 16, et sa queue 18. — La couleur générale de son pelage est d'un fauve mêlé de noir et de gris; les sourcils sont blanchâtres, et une tache blanche est au milieu du front.

Ce Raton habite principalement la Guiane. Ses habitudes ressemblent à celles du « Raton laveur; » de plus que lui, il mange des crustacés, d'où lui est venu le nom qu'il porte.

Rhésus.

Espèce de quadrumane du genre des macaques.

Sarigue de l'Amérique méridionale.

La tête de la Sarigue, très allongée et conique, est terminée par un petit mufle : le corps, dont le volume total ne dépasse jamais celui du chat domestique, a généralement les formes qui sont propres aux animaux carnassiers. La queue longue, ronde, dépourvue de poils dans la plus grande partie, est éminemment prenante.

Les Sarigues sont des animaux qui, par leurs habitudes naturelles, ont de l'analogie avec les fouines et les putois ; ils habitent les bois, montent sur les arbres, et vivent d'oiseaux, d'œufs et d'insectes. Les grosses espèces s'introduisent dans les habitations et étranglent les volailles.

Les femelles sont pourvues d'une bourse abdominale dont l'intérieur est garni de poil très doux. En naissant, les petits de la Sarigue ne pèsent guère qu'un grain ; ils restent dans cette poche ventrale de la mère jusqu'à ce qu'ils aient atteint la taille d'une souris ; lorsqu'ils en sortent, ils s'éloignent peu, et au moindre bruit ils y rentrent avec précipitation. Leur mère les aide alors, et lorsqu'elle est assurée qu'il n'en manque aucun, elle s'enfuit emportant ainsi sa famille entière. On a compté dans cette espèce jusqu'à quatorze et seize petits par portée.

Toutes les Sarigues sont du nouveau continent, et la limite géographique de leur genre est comprise du nord au sud, entre le pays des Illinois et le Paraguay ; c'est seulement dans la partie orientale de l'Amérique qu'on les rencontre : ils n'existent ni sur la chaîne des Andes et les montagnes Rocheuses, ni sur son revers occidental.

Le Muséum possède, en ce moment, une Sarigue qui vient de donner naissance à plusieurs petits ; cet événement, le premier de la sorte, a permis de faire des observations intéressantes sur cet animal, et tout curieux, qui visite au « Palais des singes, » cette mère craintive, peut la voir — à son approche — faire disparaître sa chère et mignonne progéniture en un clin-d'œil.

Souslick d'Europe.

Petit mammifère rongeur, long de 24 à 27 centimètres. Il a la tête assez volumineuse, les yeux gros et saillants, la queue mince.

Cette espèce se trouve dans toutes les contrées du nord et une partie des régions tempérées de l'ancien continent, telles que la Russie, l'Autriche, la Bohême et le Kamtschatka. Les Souslicks vivent isolément, et se creusent sur les pentes des montagnes des terriers compliqués et profonds, ayant de deux à cinq issues. En été, ils renferment dans ces galeries des graines de différentes espèces, telles que blé, chènevis, pois, lin, etc., mais ils ne se servent pas de ces provisions, car ils s'engourdissent et dorment l'hiver comme les marmottes.

Les Sibériens mangent la chair du Souslick. Sa peau donne une fourrure dont l'aspect est agréable et qui est assez estimée.

Saï à gorge blanche.

Espèce de singe américain du genre des sapajous, d'une longueur totale de 55 centimètres, et de formes très délicates. — Le Saï a la tête petite et arrondie; le museau gros et court; la face, le cou et la gorge pâles; les poils du sommet de la tête ras et de couleur noire, formant une calotte de cette couleur parfaitement bien marquée.

La queue est brune et plus longue que le corps.

Le sapajou Saï est d'un naturel doux et timide; il fait souvent entendre un petit cri plaintif, qui lui a valu la dénomination de «Singe pleureur,» par laquelle il est quelquefois désigné.

Il s'apprivoise facilement et possède toutes les habitudes naturelles du sapajou brun. Il répand une odeur musquée particulière.

Sa patrie est la Guyane, il se rencontre aussi quelquefois au Brésil.

ROTONDE DES GRANDS RUMINANTS

Éléphant d'Afrique.

JEUNE FEMELLE DU SOUDAN ÉGYPTIEN, DONNÉE PAR S. A. LE PRINCE HALIM-PACHA.

L'Éléphant, si extraordinaire par l'énormité de sa taille, est un être assez disgracieux. Sa peau nue, calleuse, crevassée, très épaisse, est ordinairement d'un gris sale et noirâtre ; ses jambes antérieures, qui manquent de clavicules, ne paraissent être que de massifs piliers placés sous le corps pour en soutenir le poids. Enfin, toutes les formes de l'animal sont grossières, lourdes et mal dessinées. La tête est énorme, l'œil est petit, mais vif ; l'oreille extérieure est très grande, aussi a-t-il le sens de l'ouïe très fin. De chaque côté de la bouche sortent des défenses qui varient de grosseur et de longueur selon l'âge, le sexe et l'espèce ; chez l'Éléphant mâle d'Afrique, elles atteignent 2 m. 64 c. et même 3 m. 32 c. de longueur, et pèsent jusqu'à 100 et 120 livres.

Les défenses servent à ces animaux à sillonner le sol et à en arracher des racines pour leur nourriture ; elles lui servent aussi d'armes défensives et offensives ; elles protégent la trompe repliée entre elles deux quand L'Éléphant perce à travers les bois épineux et fourrés qu'il habite ; elles lui servent encore à écarter et à maintenir les branches pour frayer un passage à la trompe, lorsqu'elle va cueillir au milieu d'un arbre touffu les sommités tendres des rameaux feuillés dont il se nourrit.

La trompe jouit d'une grande mobilité dans tous les sens. C'est à la fois l'organe du tact et de l'odorat. Contre ses ennemis c'est une arme terrible ; il saisit son assaillant, l'enlace, le presse, l'étouffe, le brise, le lance dans les airs, ou l'écrase sous ses pieds. Dans les actions ordinaires de la vie, la trompe est un instrument comparable à la main ; elle saisit et enlève les choses les plus minimes ; il peut, avec elle, déboucher une bouteille, ramasser une petite pièce de monnaie ; il s'en sert pour porter les aliments à sa bouche, pour boire, pour soulever de lourds fardeaux... Enfin, pour me servir d'une expression de Buffon, elle lui sert de bras et de main.

La taille ordinaire des Éléphants est de 2 à 3 mètres pour les mâles, et de 2 m. à 2 m. 32 c. pour les femelles. M. Coste en a vu un qui mesurait 3 m. 50 c. et sa longueur du front à l'origine de la queue était de 4 m. 80 c.

A l'état sauvage, les Éléphants vivent en grandes troupes et n'habitent que les forêts les plus solitaires des contrées chaudes de l'Asie, des grandes îles de l'archipel Indien, du midi et de l'orient de l'Afrique. Ils n'attaquent jamais l'homme ni les animaux; car, vivant exclusivement d'herbes et du feuillage des arbrisseaux, ils n'ont nulle raison pour commencer une lutte inutile; mais s'ils sont attaqués, ils se défendent avec la fureur du désespoir, et alors ils deviennent terribles. Leur cri de colère et d'attaque ressemble au bruit perçant de la trompette. Leur nourriture ordinaire à l'état domestique consiste en foin, en paille, en riz cru ou cuit mêlé avec de l'eau, et quelquefois assaisonné avec du sucre. Ce qu'il y a de singulier, c'est qu'on les habitue avec une extrême facilité à boire du vin, de l'eau-de-vie, de l'arak et autres liqueurs spiritueuses, tandis que jamais on n'a pu en déterminer un seul à goûter de la chair. Le squelette de ces énormes animaux a vingt paires de côtes.

Tapir américain de la Guyane française.

Le Tapir est le plus gros quadrupède de l'Amérique méridionale; il approche assez du cheval par sa forme. Toutefois, sa queue si courte et sans crins, sa petite trompe, la forme comprimée de sa tête, ses proportions plus lourdes et par suite moins élégantes, permettent aisément de l'en distinguer.

On lui donne parfois les noms de *Mule sauvage*,

de *Cheval marin*; et c'est sous ces dénominations bizarres ou d'autres encore que les ménageries ambulantes l'annoncent au public.

Au Muséum de Paris, où les Tapirs sont exposés dans le même enclos que les éléphants, beaucoup de personnes les prennent d'abord pour les petits de l'éléphant, quoique leur trompe, longue de 20 à 25 centim. seulement, leurs oreilles en cornet droit, soient loin de ressembler à celles de ces animaux.

Les mœurs des Tapirs, à l'état sauvage, paraissent brutales sans être féroces. Dans les forêts qu'ils fréquentent, ils cheminent au hasard, écartant ou brisant tout ce qui leur fait obstacle. Ils avancent résolûment et tête baissée. La forme de leur crâne et la dureté de leur peau semblent très favorables à cette habitude. On rapporte, dit d'Azara, que si le jaguar se jette sur le Tapir, celui-ci l'entraîne aussitôt à travers les parties les plus épaisses du bois, jusqu'à ce qu'il ait brisé son ennemi en le choquant contre tous les arbres et en le faisant passer par les espaces les plus étroits.

Le Tapir en colère fait entendre un sifflement grêle et très disproportionné à sa taille. Il boit comme le pourceau, mange de la chair crue ou cuite, des aliments de toute espèce et tout ce qu'il rencontre, sans en excepter, dit le même observateur, les chiffons de laine, de toile ou de soie.

On trouve des Tapirs dans les Andes colombiennes, au Pérou, dans la presqu'île de Malacca, à Sumatra et à Bornéo.

Les musulmans de l'Asie ne mangent pas la chair du Tapir, parce qu'ils le regardent comme une espèce de cochon.

Hippopotame du Nil Blanc.

Nom qui, tiré de deux mots grecs, signifie *Cheval de rivière*. Ce nom de Cheval de rivière vient aussi sans doute de la voix de l'Hippopotame, qui paraît ressembler à un hennissement.

Cet animal paraît être le plus lourd et le plus grossier de tous ceux qui existent. Son corps est une masse informe, portée par des membres très courts et très épais ; il est revêtu d'un cuir qui ne laisse distinguer aucune articulation ni aucun muscle, et la tête, portée à l'extrémité d'un cou que l'on distingue à peine, est terminée par des narines saillantes et des lèvres affreusement larges et aplaties qui achèvent de lui donner l'aspect le plus repoussant.

Ses allures sont analogues à ses formes : il vit continuellement dans la fange et la vase, sur les bords des rivières, d'où il ne s'éloigne jamais que la nuit, et au moindre bruit, au moindre indice d'un danger quelconque, il se plonge aussitôt au fond des eaux. Aussi rien n'est plus difficile à tuer que les Hippopotames, d'autant plus que les balles ordinaires s'aplatissent sur leur cuir, et qu'il faut les atteindre en plein front pour les frapper mortellement.

Ce sont des animaux herbivores, mais ils recherchent surtout certaines racines, les joncs, les cannes à sucre, etc. Ils vivent en troupes nombreuses dans les fleuves de l'Égypte, de l'Abyssinie et dans les régions qui sont au midi du grand désert, jusqu'au cap de Bonne-Espérance.

Ces animaux ne mettent au monde qu'un petit à la fois, que la mère porte sur son dos lorsqu'elle nage.

Les Hippopotames atteignent souvent de 3 à 4 mètres de longueur, sur 1 m. 32 à 1 m. 64 c. de hauteur.

Un Hippopotame mâle vient de naître à la ménagerie du Muséum d'histoire naturelle ; c'est le troisième fait de ce genre qui se produit dans cet établissement. On sait que, lors de sa première parturition, l'Hippopotame femelle n'avait jamais allaité son petit, auquel elle fit bientôt, en le repoussant, une blessure qui entraîna sa perte. Après la deuxième parturition, qui eut lieu au mois de juillet 1859, tout paraissait aller au mieux : la mère avait adopté son petit ; elle l'allaitait et le laissait venir se reposer sur son dos ou sur son cou, à la manière des mammifères aquatiques. Mais une nuit, prise d'une colère soudaine, et pour un motif connu seulement des Hippopotames, elle perça d'un coup de dent la poitrine du nouveau-né, qu'on retira mort du bassin où il se trouvait.

Cette fois, toutes les précautions ont été prises pour soustraire le petit, dès sa naissance, qui a eu lieu dans l'eau, aux atteintes de sa mère, et une vache lui a été donnée pour nourrice.

Au moment de mettre sous presse, nous apprenons que le jeune Hippopotame, malgré toutes les précautions prises pour le conserver à la curiosité des Parisiens, vient de mourir : la dentition l'a tué.

Dromadaire mâle d'Algérie.

Le Dromadaire, qui n'a qu'une seule bosse placée au milieu du dos, se distingue facilement du chameau proprement dit, qui en a deux. Ses formes sont d'ailleurs plus légères et moins massives.

L'espèce du Dromadaire habite le midi des contrées où l'on trouve le chameau. Elle semble redouter davantage le froid, et mieux supporter la chaleur. C'est elle qu'on emploie exclusivement dans les voyages à travers le désert; et, sous ce rapport, on distingue deux races principales. Dans la première, destinée à porter des fardeaux, on recherche la force; dans la seconde, au contraire, tout est sacrifié à la légèreté. Les Dromadaires coureurs ont des formes plus sveltes; leur taille est aussi un peu moins haute que celle des Dromadaires porteurs;

la rapidité de leur marche au milieu des sables brûlants des déserts a quelque chose de merveilleux. On assure qu'ils franchissent, sans s'arrêter, un espace de 40 à 50 lieues en un jour. Pendant ces courses forcées, leurs conducteurs ne cessent de chanter. Ils prétendent que le Dromadaire aime la musique, et que c'est le meilleur moyen de soutenir son courage.

Entièrement soumis à l'homme, le Dromadaire semble ne se multiplier qu'avec lui.

Les Dromadaires appartiennent à l'ancien continent, et se trouvent surtout en Afrique et en Asie, mais ces animaux, quoique aimant la chaleur, semblent redouter la zone torride, et s'arrêtent là où l'on commence à trouver l'éléphant.

GRAND BASSIN

OISEAUX AQUATIQUES ET BISONS.

—

Buffles de Ceylan. — Buffles de Valachie.

Le Buffle, qui le plus souvent vit à l'état sauvage, peut cependant être élevé dans la domesticité et servir à l'agriculture.

Ce genre d'animal est plus craintif et plus susceptible de s'effaroucher qu'il n'est méchant. Le mâle est très fort, et sa force est dans sa tête.

On accoutume le Buffle à être attaché, à se soumettre au joug, et à traîner de lourds fardeaux. Dans les pays où les Buffles sont indigènes et communs, par exemple, en Égypte, en Italie, dans le pays valaque, aux Indes et dans les îles, à Ceylan et aux Célèbes, on leur met dans les naseaux des anneaux de fer, dans lesquels on passe des cordes pour les maintenir et les guider.

Le Buffle aime à se plonger dans l'eau, et surtout dans l'eau bourbeuse, vraisemblablement à cause de la sécheresse et de la dureté de sa peau. On a souvent de la peine à l'en tirer une fois qu'il y est entré : le chien seul vient à bout de le ramener, en l'attaquant par le muffle, seul endroit où il le trouve sensible.

Quelques personnes trouvent au lait et au beurre du Buffle un goût sauvage, d'autres ne le distinguent pas de ceux de la vache. On en fait d'excellent fromage. La chair du Buffle est noire, dure et de mauvais goût : en Italie, il n'y a que les juifs et les pauvres qui en mangent; ce qu'il y a de meilleur c'est son cuir, excellent pour faire des vêtements à l'épreuve des armes tranchantes.

La couleur du Buffle est ordinairement d'un brun noirâtre; la durée de sa vie est de vingt et quelques années. Il hait prodigieusement la couleur rouge, et son mugissement est plus fort et plus grave que celui du taureau.

Le Buffle forme le bétail ordinaire des Cafres et des Hottentots.

Cigogne à sac du Sénégal.

Les Cigognes sont de grands échassiers dont le corps est allongé, le cou et le bec longs, la tête petite et sans grâce, et les jambes grêles quoique robustes.

Ces oiseaux, essentiellement migrateurs, et destinés par conséquent à parcourir de longues distances, sont parfaitemeut organisés pour le vol. Tous les os des membres antérieurs et postérieurs sont creux, et donnent accès à l'air.

Toutes les espèces qui composent ce groupe ont des mœurs identiques, et à part la différence des climats, elles se nourrissent de la même manière. Leur alimentation est essentiellement animale ; elles vivent de reptiles, de grenouilles, de mollusques, d'oiseaux, d'insectes, et sont très friandes d'abeilles, dont on trouve des poignées dans leur estomac ; elles sont aussi fort avides de poissons, et causent de grands dégâts dans les ruisseaux empoissonnés et dans les étangs Les Cigognes à sac sont très voraces, mais elles recherchent surtout les reptiles. C'est dans les prairies basses et humides, dans les marais, dans les savanes, sur les bords des lacs et des courants d'eau, sur les plages vaseuses et au bord des grandes rivières, que les Cigognes vont chercher leur nourriture ou l'y attendre, immobiles, avec une patience infatigable.

Aucune des espèces de ce genre ne dédaigne les charognes. Sous ce rapport, toutes rendent des services au pays qu'elles habitent, en détruisant un grand nombre d'animaux nuisibles, ou en se repaissant des débris pestilentiels.

Les Marabouts délivrent Calcutta de ses immondices infectes, et ces oiseaux y sont tellement apprivoisés qu'à l'heure du dîner ils se rendent devant les casernes, s'y rangent en ligne, et attendent qu'on leur jette les débris du repas.

La démarche des Cigognes est lente et grave ; elles ne courent que rarement ; en revanche, elles volent avec une incroyable facilité. Elles partent le cou et les jambes tendues, les ailes largement déployées, et s'élèvent en décrivant des spires, qui vont toujours en s'agrandissant.

La Cigogne blanche est une des espèces les plus répandues sur notre globe, on la trouve dans la Sibérie méridionale et en Tartarie, en Perse, au Japon, en Syrie, en Égypte et en Sénégambie.

Elle est commune en Allemagne et en Hollande, un peu plus rare en France et très rare en Angleterre.

Les Marabouts habitent les Indes, et se trouvent à Java et à Sumatra.

Les Indiens élèvent les Marabouts en domesticité, pour en obtenir ces panaches gracieux et légers qui servent de parure aux femmes et qui ont conservé le nom de l'oiseau qui les produit.

Les Cigognes vivent de quinze à vingt ans.

Cigogne blanche de Hollande.

La Cigogne blanche ou commune a de 1 mètre à 1 m. 20 c. de hauteur ; les pennes des ailes sont noires, le bec et les pieds rouges.

Cicogne Marabout.

Bec très volumineux et recourbé ; tête et cou nus : sac au bas du cou.

Cigogne Jabiru du Sénégal.

Bec rouge à la pointe, noir au milieu ; jambes vertes, articulations roses ; plumage blanc ; tête et cou noirs.

Canards sauvages et domestiques
de France.

La démarche du Canard est lourde, incertaine et sans grâce ; ses pieds, reculés en arrière, semblent se refuser à toute locomotion ; aussi ne vient-il à erre que pour s'y reposer : la terre n'est pas son élément ; il est essentiellement aquatique. Mais voyez-le au sein des eaux, et cet animal qui vous a paru si stupide, reprend ses avantages, et vous étonne par sa vivacité : il y fait mille évolutions qui exigent autant de force que de prestesse ; c'est là aussi qu'il trouve sa nourriture ; tous les Canards vivent de petits mollusques, d'insectes aquatiques, de faibles ou de jeunes crustacés, de vermisseaux, de frai, de grenouilles, de graines de jonc, d'herbes et de lentilles d'eau ; les grosses espèces vivent de poissons.

Les Canards sauvages, à têtes vert d'émeraude et

à poitrine brun pourpré, sont tristes et taciturnes ;
ils se tiennent tout le jour immobiles au milieu des
roseaux, et n'en sortent que le soir. C'est principalement sur le bord des eaux douces, stagnantes ou
roulantes, c'est près de nos étangs, de nos lacs et
de nos marais qu'ils se cachent. C'est aussi là qu'ils
nichent ; ils établissent leurs nids au milieu des roseaux, dans les herbes des marécages ; quelquefois,
ils s'éloignent dans les champs, nichent même sur
des arbres, et prennent possession des nids de pies
ou de corneilles abandonnés.

Les Canards, disent certains naturalistes, sont
pourvus d'une assez forte dose de finesse et de sub-
tilité, et on est presque tenté de les croire, en lisant
l'anecdote si piquante, rapportée par Buffon, des
ruses d'un Canard qui faisait le mort pour se soustraire à la voracité d'un furet.

Les Canards sont des oiseaux voyageurs ; ils ac-
complissent en troupes plus ou moins nombreuses,
et dans le même ordre que les cigognes et les grues,
des voyages de plusieurs centaines de lieues.

Le Canard se trouve partout, sous toutes les latitudes et sous toutes les températures ; il n'est pas
de nation qui n'en élève ; les Chinois en font un
grand commerce, et le Canard à éventail, très commun dans toute la Chine, surtout à Nankin, y est
donné aux jeunes fiancés le jour de leur mariage,
comme un symbole de la fidélité conjugale.

Grue cendrée d'Europe.

C'est l'espèce la plus généralement connue; les anciens la désignaient sous le nom d'oiseaux de « Lybie.» Tout son plumage est d'un gris cendré, à l'exception de la gorge, du devant du cou et de l'occiput qui sont noirâtres. La partie nue du sommet de la tête est rouge.

Ce sont ordinairement les grandes plaines humides, couvertes de marais ou avoisinant des fleuves, que les Grues choisissent pour leur séjour de prédilection. C'est là qu'elles trouvent en abondance les aliments qui leur conviennent; la nourriture des Grues est fort variée. Les insectes, les vers, les colimaçons, les reptiles, les batraciens, les poissons et même les petits mammifères, entrent dans leur régime habituel. Elles se nourrissent également de grains nouvellement confiés à la terre, car on voit des troupeaux de Grues s'abattre dans les champs qui viennent d'être ensemencés.

Les anciens considéraient ces oiseaux comme très nuisibles à l'agriculture, et Buffon rapporte que, dans certaine contrée de la Pologne où les Grues cendrées sont nombreuses, les paysans sont obligés de se bâtir des huttes au milieu de leurs champs de blé-sarrazin, pour les en écarter.

Les grues sont des oiseaux gracieux, au port noble, à la démarche grave; et à une très haute puissance de vol, elles joignent, comme la plupart des grands échassiers, la faculté de supporter une longue diète, ce qui leur permet d'entreprendre ces migrations lointaines qui ont frappé tous les peuples.

Cette espèce paraît avoir été beaucoup plus commune en Europe autrefois que de nos jours. Elle y vivait dans des localités d'où elle s'est tout à fait retirée.

Ainsi, au dire de Turner, on la trouvait tout l'été par grandes troupes dans les terrains marécageux de la Grande-Bretagne, et les lois y protégeaient ses couvées, car les anciennes chartes anglaises parlent d'amendes prononcées contre quiconque détruisait ses œufs.

Maintenant, la Grue cendrée paraît être reléguée au nord de l'Europe ; elle s'y reproduit, et c'est de là qu'elle nous arrive en automne. Elle pousse ses migrations jusque dans le nord de l'Afrique et dans l'Asie méridionale.

L'hiver on la trouve en Égypte, dans les plaines qui bordent le Nil.

Les Grues sont des oiseaux connus de la plus haute antiquité.

Goëland à manteau gris.

C'est le plus grand oiseau de ce groupe, et il peut atteindre jusqu'à 70 centimètres ; son bec est d'un beau jaune et l'angle de la mandibule inférieure d'un

beau rouge vif ; le manteau est d'un cendré gris
bleuàtre ; les pieds sont livides.

Cet oiseau, qui habite les contrées les plus septentrionales, et qu'on trouve plus fréquemment vers
l'Orient, sur les grandes mers et sur les golfes, est
plus rare sur les côtes de l'Océan. Il se nourrit de
débris de cétacés, de pingouins, de poissons, etc. ;
il fait entendre un cri rauque assez semblable à celui
du corbeau. On ne sait s'il niche sur le sable ou
dans le creux des rochers ; les œufs sont verdâtres,
d'une forme ovale allongée, et marqués de plusieurs
taches noires.

Goëland à manteau noir.

Ces oiseaux atteignent à peu près la même taille
que le précédent ; dans leur plumage, la tête, le
front, la gorge, le dessous du corps et la queue sont
d'un blanc parfait ; le bout du dos et toute l'aile
présentent du noir foncé, nuancé de bleuâtre ; le
bec est jaune blanchâtre, les pieds sont d'un blanc
mat.

Ce Goëland est rare dans la Méditerranée, et on ne
le trouve qu'accidentellement dans l'intérieur des
terres et sur les eaux douces ; il quitte rarement les
rivages des grands océans.

Il est abondant vers le Nord, auprès des îles Orca-
des et Hébrides.

Ce palmipède se nourrit de poissons morts ou

vivants, de frai, et rarement de mollusques; il fait sur les rochers, dans les régions du cercle polaire, un nid dans lequel la femelle pond trois ou quatre œufs d'un vert olive très foncé, avec quelques taches plus ou moins grandes, brun noirâtre.

Mouettes rieuses.

Genre de l'ordre des palmipèdes, et comprenant non-seulement les Mouettes ordinaires, qui sont d'assez petite taille, mais encore les oiseaux dont la taille égale au moins celle du canard, et que, depuis Buffon, on a l'habitude de désigner sous le nom de Goëlands.

Les Mouettes présentent les caractères génériques suivants : bec de médiocre longueur, lisse, tranchant; les ailes longues et très amples, et dépassant la queue; chez ces oiseaux, la tête est grosse, le cou épais et court; ce sont de bons nageurs; ils volent continuellement, et savent braver les plus fortes tempêtes. Dans le repos, leur tenue est ignoble, ils ont l'air triste, et le cou se perd dans les épaules.

Lâches, voraces et criards, ils ont reçu le nom commun de *Vautours de mer*, et on les voit souvent nettoyer les cadavres de toute espèce qui flottent sur les eaux. — Ils sont répandus sur tout le globe, où ils couvrent les plages, les écueils et les rochers; mais ils fourmillent surtout sur les bords de la mer, où ils recherchent les poissons vivants et putréfiés, les matières animales en décomposition, les vers, les mollusques, etc.

Les Goëlands et les Mouettes rendent donc de grands services à l'homme, en purgeant les rivages de tous les cadavres petits et gros, qui, en infectant l'air, pourraient lui être nuisibles.

Mouettes à capuchon brun.

Les individus de cette espèce ont une longueur de 38 à 40 centimètres; la tête, le cou et la queue sont blancs, à l'exception d'une tache noire en avant des yeux et d'une grande tache noirâtre sur les oreilles; les parties inférieures sont blanches, le dos et les couvertures des ailes d'un cendré bleuâtre ; le bec et les pieds d'un rouge vermillon.

Ces oiseaux habitent les rivières et les lacs salés et d'eau douce; ce n'est qu'en hiver qu'on les trouve aux bords de la mer; ils ne sont que de passage en Allemagne et en France, tandis qu'on en trouve en abondance en Hollande, dans toutes les saisons. Ils se nourrissent d'insectes, de petits poissons, de vers, etc. Ils nichent auprès de la mer, dans l'embouchure des rivières : leur ponte consiste en trois œufs, dont le fond olivâtre est ordinairement parsemé de grandes taches brunes et noirâtres.

Paons ordinaires.

De tous les temps, et du moment où ils ont été

connus, les Paons ont vivement excité l'admiration des peuples.

L'Inde est la patrie de ces magnifiques oiseaux. C'est là qu'on les trouve à l'état sauvage. Le pays des pierreries et des aromates les plus précieux est aussi le pays de l'oiseau le plus éblouissant que le monde connaisse.

Guzarate, Barroche, Cambaïe, la côte de Malabar, le royaume de Siam, l'île de Java, nourrissent des Paons sauvages, et ils y sont l'objet d'un commerce considérable.

Jadis, les plumes de cet oiseau s'employaient à confectionner des objets de luxe et de parure ; on en faisait des couronnes, qui servaient à orner le front des poëtes troubadours. On en faisait des espèces d'éventails. A Venise, on tissait des étoffes, dont la chaîne était de soie et de fil d'or et la trame de plumes de Paon. Tel était, sans doute, le manteau fait de plumes de cet oiseau qu'envoya le pape Paul III au roi Pépin. Enfin, chez les Romains, le Paon passait pour un mets très estimé ; il figurait dans les festins, et se servait sur la table des riches avec la queue toute déployée ; chaque Paon se payait alors de 8 à 900 sesterces (environ 120 fr. de notre monnaie).

Il paraîtrait aussi qu'en France, du temps d'Olivier de Serres, on le regardait comme « le roi de la volaille terrestre, en ce qu'on ne pouvait voir rien de plus agréable à l'œil que le manteau de cet oiseau, ni manger une chair plus exquise. »

De nos jours on n'en fait plus aussi grand cas, et on n'élève plus guère les Paons que pour en faire des objets de parade.

Ces oiseaux se plaisent en général dans les lieux élevés, sur la cime des grands arbres, sur la crête des murs, sur les combles des maisons.

Leur nourriture habituelle consiste en grains de toutes sortes ; aussi, leur voisinage est-il funeste aux agriculteurs, dont ils dévorent les céréales. Ils sont également importuns, à cause des cris discordants qu'ils poussent ; mais tous leurs défauts sont rachetés par leur beauté, et si, comme l'a dit un poëte latin, ils ont la voix du diable, la démarche furtive des voleurs, ils ont en compensation une parure d'ange :

Angelus est pennis, pede latro, voce gehenus.

Les Paons vivent de 30 à 40 ans.

Aux yeux de l'homme, le Paon est devenu le symbole de la vanité.

Paon, variété blanche.

Mêmes instincts et mêmes habitudes que le Paon ordinaire. (Voy. ce mot.)

Pintade du Sénégal.

Genre de l'ordre des gallinacés (1), caractérisé par un bec court.

Les Pintades, considérées dans leur ensemble, se font remarquer par la forme ramassée et arrondie de leur corps, forme qui leur est toute particulière, et qui résulte de ce qu'elles n'ont qu'une très courte queue pendante, et de ce que leur cou, court et mince, porte une petite tête qui semble être sans proportion avec les dimensions du corps.

Les Pintades que l'on élève en Europe conservent toujours un peu de leur nature sauvage. Elles aiment la liberté et veulent de grands espaces à parcourir.

Si elles n'y sont contraintes, elles préféreront toujours, pour pondre, les buissons, les halliers épineux au poulailler. Elles sont d'ordinaire très fécondes, car si elles sont bien nourries, elles peuvent fournir jusqu'à cent œufs; abandonnées à elles-mêmes et dans l'état de nature, leur fécondité est moindre : elles ne donnent guère plus de 15 à 20 œufs. Ces œufs, comme ceux de la poule, sont très bons à manger. Les Pintades prennent une assez grande abondance de graisse. Lorsqu'elles sont jeunes, leur chair est blanche et savoureuse; celle des individus

(1) Groupe de la classe des oiseaux présentant une étroite affinité avec le coq domestique.

sauvages est, dit-on, exquise. Cependant, il paraîtrait que la chair de la Pintade domestique n'est
pas du goût de tout le monde, si l'on en juge par le
peu de commerce que l'on fait de ces oiseaux.

Toutes les espèces de Pintades connues appartiennent à l'Afrique. C'est de là que les Romains tiraient
la Pintade ordinaire, aussi la nommaient-ils poule
d'Afrique ou de Numidie. Les plaines fertiles de
l'Arabie en nourrissent des troupes considérables;
et, d'après Niebuhr, elles sont si nombreuses dans
les montagnes près de Tahama, que les enfants les
poursuivent à coups de pierre, les prennent et les
vendent à la ville.

En Amérique, où elle s'est acclimatée, elle erre
librement au sein des bois et des savanes.

La Pintade ordinaire a la tête surmontée d'une
protubérance frontale d'un bleu rougeâtre; les barbillons larges, arrondis, bleuâtres et bordés de rouge
vif; la partie dénudée du cou rougeâtre mêlée de
bleu; le fond du plumage est noir ardoise, mais entièrement couvert de taches blanches affectant une
forme ronde.

Cette espèce a encore les noms de *Poule peinte*,
Poule perlée, *Perdrix des terres unies*.

FAUCONNERIE. — OISEAUX DE PROIE.

Grand-Duc de France.

Les vieilles tours abandonnées, les vieilles églises, les vieux châteaux, les bois de montagnes, sont les lieux que recherche surtout le Grand-Duc.

Ce grand rapace nocturne supporte plus aisément la lumière du jour que les autres oiseaux de nuit. Aussi, part-il pour la chasse de meilleure heure. Les animaux qu'il poursuit de préférence sont les taupes, les mulots, les lapins, les jeunes lièvres. A défaut de cette proie, il se jette sur les chauves-souris et les serpents.

Le Grand-Duc est d'une force extraordinaire et d'un beau courage ; souvent il combat avec succès, même contre les oiseaux du plus haut vol. Wagner, dans son *Historia Helvetiæ*, raconte qu'il vit aux environs de Zurich le combat d'un aigle et d'un Grand-Duc.

Ce dernier avait si fortement saisi et pressé son antagoniste dans ses serres, que tous deux tombèrent sur le sol, l'aigle mort, et le vainqueur si bien attaché au corps de son ennemi, qu'on put le prendre vivant.

Le Grand-Duc, depuis l'extrémité du bec jusqu'à celle de la queue, mesure 60 centim. de longueur.

Condor du Chili.

Le Condor appartient exclusivement au Nouveau-Monde.

Remarquable par un beau collier d'un blanc pur qui tranche avec le noir-bleu du reste du plumage, le Condor n'aime vivre que sur les pitons les plus escarpés de la chaîne des Andes. De là, son œil perçant domine les plateaux secondaires et scrute l'étendue des pampas qui sont à ses pieds. Aussi, les indigènes voyant constamment ces grands vautours perchés sur les plus hauts sommets du Chimborazo et du Pichincha (1), ont-ils donné à ces pics inaccessibles les noms de *Cuntur Kahua, Cuntur palti,* et *Cuntur Huaxuma,* qui en langue péruvienne signifient, *Védette, Aire,* et *Juchoir des Condors.*

Puissant par son vol, par sa force musculaire et par son courage, ce géant des oiseaux fond non-seulement sur le cerf des Andes, sur la vigogne et le guanaco (lama sauvage), mais M. de Humboldt affirme que, réunis au nombre de plusieurs, ils peu-

(1) Montagne et volcan de l'Amérique du Sud de 6,500 et 5,000 mètres de hauteur.

vent facilement tuer un cheval, et que les dégâts que, dans la province de Quito, les Condors causent au bétail, surtout aux troupeaux de génisses, est considérable.

De tous les grands rapaces nobles, le Condor, dont les ailes étendues mesurent de 4 à 5 mètres d'envergure, paraît être celui qui s'élève à la plus grande hauteur dans les airs. On les voit quelquefois, par un temps calme, s'assembler, prendre leurs ébats, et planer, en décrivant des cercles immenses, dans des régions si élevées que l'œil peut à peine les suivre, et ne les perçoit que comme des points noirs perdus dans le bleu.

Le Condor niche dans les endroits les plus solitaires, et le plus souvent sur la crête des rochers qui avoisinent la limite inférieure des neiges éternelles. Il ne fait point de nid, et se borne à déposer ses œufs sur la surface dénudée d'un roc, sans même prendre le soin de les envelopper de quelques pailles ou de mousses de montagnes. La ponte est de deux œufs, d'un blanc très pur et longs de 10 centimètres. La femelle conserve près d'elle ses petits pendant toute une année.

Vautour Papa des Cordillières.

C'est, de tous les Vautours, celui dont le plumage est le plus vivement coloré ; sa tête, surmontée d'une sorte de diadème, lui a valu dans la langue de plusieurs peuples de l'Amérique du Sud, le nom de *Roi des Vautours*.

Les Indiens Muscogulges font leur étendard royal avec les plumes de cet oiseau, et portent cet étendard devant eux quand ils vont en guerre.

Ce grand Vautour n'appartient, comme le condor, qu'au Nouveau-Monde.

Il vit à la Guyane, au Brésil, au Paraguay, au Mexique et au Pérou.

Vautour chasse-fiente d'Algérie.

Ce Vautour a la tête d'un bleu clair et finement duvetée, ainsi que le cou qui est jaunâtre; le bec est noirâtre, le plumage d'un fauve clair.

Le Chasse-Fiente habite l'Afrique, mais surtout le pays des Hottentots; il est commun aux environs du cap de Bonne-Espérance.

Il se nourrit également de proies mortes, de coquillages, de crabes, de tortues et même de sauterelles. Ses œufs sont d'un blanc bleuâtre et toujours au nombre de deux.

Vautour-Arrian de Turquie.

Dans le Levant, les Turcs et les Grecs se servent de la graisse du Vautour-Arrian comme d'un excellent remède contre les douleurs rhumatismales.

Très commun sur la chaîne des Alpes, en Turquie

dans les montagnes de la Silésie et du Tyrol, à Gibraltar, en Égypte et dans une grande partie de l'Afrique.

Vautour d'Égypte.

Les habitants de l'Égypte et des îles de l'archipel grec employaient autrefois, pour faire des bordures de pelisses, de vestes, et des garnitures de robes, le duvet de ce Vautour, que l'édredon et le cygne ont aujourd'hui remplacé.

Percnoptère Urubu de l'île de la Trinidad.

C'est le grand Vautour d'Aristote, au plumage d'un fauve vif, tirant sur le gris brun, bec jaune livide, pieds gris ; face seule nue, le cou étant emplumé.

Le Percnoptère, dont le corps approche en grosseur de celui du cygne, a environ 1 m. 32 c. de grandeur totale.

Ce grand rapace ignoble a tous les vices de l'aigle, sans en avoir aucune des bonnes qualités : lâche, il se laisse poursuivre et battre par les corbeaux ; paresseux, pesant au vol et toujours affamé, il s'en va sans cesse criant, se lamentant et cherchant des cadavres. Les Mexicains l'appellent : L'Oiseau des charognes.

C'est le plus commun des Vautours dans un grand nombre de pays. On le trouve en Afrique, en Asie, en Espagne, en Grèce, en Italie, en Suisse et dans le midi de la France.

Percnoptère des Pyrénées et d'Égypte.

Voyez *Percnoptère Urubu*.

Catharte Urubu du Brésil. — Catharte Alinoche d'Algérie.

Genre de l'ordre des rapaces diurnes, famille des vautours.

Catharte en grec veut dire «qui purifie,» à cause des services que rendent ces oiseaux en mangeant les débris putréfiés. On les voit sur les bords de la mer, fouillant les immondices, s'accommoder des poissons morts, des crabes, des mollusques mous que les vagues rejettent, en un mot de tout ce qu'ils rencontrent. Ces habitudes leur ont attiré la protection des hommes, et, dans les pays brûlants de l'équateur, où l'indolence des habitants, unie à l'incurie, laisse séjourner au milieu des villes les matières les plus putrescibles, ces Cathartes ont pour fonction de les en débarrasser et de purifier ainsi les lieux qui, sans eux, ne tarderaient pas à devenir des foyers de peste et de corruption.

Les Cathartes sont de la taille d'un petit dindon, à plumage d'un noir brillant; toutes les parties nues de la tête et du cou couvertes d'un duvet court et noir et sillonnées de rides profondes : cette ressemblance de l'Urubu avec le dindon le fait regarder par Desmarchais comme un coq d'Inde carnivore.

Ils sont très communs dans toutes les contrées chaudes de l'Amérique, mais surtout au Pérou, où ils vivent en troupes nombreuses dans les villes.

La chair des Urubus et des Alinoches est coriace et filandreuse, et répand une odeur de chair morte que rien ne peut faire disparaître, ce qui n'empêche pas les nègres de les tuer en grand nombre, pour les manger.

Ces oiseaux quittent les villes à la chute du jour, et vont passer la nuit sur les arbres, pour revenir le lendemain matin remplir les mêmes fonctions que la veille. S'ils rencontrent un animal mort, ils fondent dessus, et en un instant ils ont dévoré la chair et laissé le squelette aussi blanc et aussi parfaitement nettoyé que s'il sortait des mains d'un habile anatomiste.

Leurs mœurs sont celles des vautours; leurs œufs sont d'un blanc roux; les petits sont blancs dans leur jeunesse, bruns la première année, et ne deviennent noirs qu'avec l'âge.

Gypaëte barbu d'Algérie. — Gypaëte des Pyrénées.

Cette espèce, que les habitants des Alpes suisses

connaissent sous le nom vulgaire de Vautour des agneaux, est le Gypaëte barbu, décrit par Buffon sous le nom de Vautour doré. C'est le plus grand des rapaces qui habitent l'ancien continent.

Par ses caractères, par ses formes générales et par ses habitudes, il se rapporte d'une part aux Vautours, et d'autre part aux Aigles.

Le Gypaëte a le bec très fort, droit, renflé vers la pointe, qui se courbe en crochèt; les ailes longues et un pinceau de poils raides sous le bec. Son manteau est noirâtre, avec une ligne blanche sur le milieu de chaque plume, son cou et le dessous de son corps sont d'un fauve brillant, et une bande noire entoure la tête. — Sa taille est de 1 m. 55 c., et il a jusqu'à 3 m. et 3 m. 30 c. d'envergure. Un individu tué en Égypte, et mesuré en présence de Monge et de Berthollet, avait 4 m. 60 c. de vol.

Doué d'une grande force, le Gypaëte l'emploie à terrasser les mammifères ruminants qui lui servent de nourriture, tels que les chamois, les bouquetins, les jeunes cerfs, les agneaux, etc. Doué d'autant de ruse que de vigueur, il épie le moment où l'un de ces animaux, un jeune surtout ou un individu maladif, séparé de la troupe, est sur le bord d'un précipice : alors tombant avec impétuosité sur lui de tout son poids, il le frappe de la poitrine ou le heurte vigoureusement de l'aile, le précipite, le suit dans sa chute et l'achève lorsqu'il est abattu. Les Gypaëtes, comme les aigles, évitent les pays de plaines où leur grand volume les ferait bientôt remarquer et détruire, et habitent particulièrement les grandes chaînes de montagnes ; ils vivent dans le voisinage des neiges, et les rochers les plus inaccessibles leur servent de retraite : c'est là aussi qu'ils établissent leurs aires, composées de petites branches et de mousse. La femelle pond ordinairement deux œufs blanchâtres, tachés de brun.

Le Gypaète a un vol puissant. Il s'élève au plus haut des airs en décrivant des cercles comme les aigles et les condors. En volant, il fait souvent entendre un cri retentissant que l'on peut exprimer par *pfrüia, pfrüi, pfrüi*. De nos jours, cette espèce se trouve en Sardaigne, sur nos Alpes et Pyrénées françaises ; on la rencontre aussi en Égypte, en Afrique, en Syrie, au cap de Bonne-Espérance et en Sibérie.

Milan.

Cet oiseau, nommé au Cap Voleur de poules, a 64 centimètres de longueur et 1 m. 50 c. de vol ; il pèse environ deux livres et demie. La peau nue qui couvre la base du bec est jaune, ainsi que l'iris et les pieds. Ses ailes, très longues, atteignent l'extrémité de la queue, qui est fourchue.

Le Milan est répandu en Europe, en Afrique, en Asie et en Barbarie. Il habite en France dans les cantons voisins des montagnes; en Angleterre il fréquente les marais, où il chasse les canards, les sarcelles et autres oiseaux aquatiques; mais les mulots, les taupes, les reptiles, sont la nourriture ordinaire du Milan. C'est du haut des airs, où cet oiseau chasseur plane si légèrement qu'on ne voit pas remuer ses ailes, qu'à l'aide de sa vue perçante il découvre une proie facile à saisir, il se laisse alors tomber sur elle comme s'il ne faisait que glisser sur un plan incliné.

Les Milans ont le cœur lâche, et fuient devant des oiseaux de proie beaucoup plus petits qu'eux.

Ils font, dans des creux de rochers, ou sur les grands arbres des forêts tombant de vieillesse, un nid très ample et construit sans art avec des branches entrelacées d'herbes sèches. La ponte est ordinairement de trois œufs. Ces œufs sont blanchâtres avec quelques taches d'un roux clair.

Milan noir.

Le Milan noir n'est autre, selon M. Levaillant, que le Milan commun dans sa jeunesse.

Caracara du Brésil.

Oiseaux de proie d'Amérique dont les formes et les mœurs tiennent des vautours.

Les Caracaras ont un vol horizontal plus rapide

que celui des aigles; leur démarche est plus facile que celle de tous les autres oiseaux de proie; ils s'avancent jusque dans les lieux habités, et sont aussi peu farouches que les urubus.

Ils se posent sur les arbres, sur les toits des maisons, sur la terre, et ne prennent jamais aucun soin pour se cacher. Le mâle et la femelle se tiennent ordinairement ensemble; et quand ils sont en amour, ils renversent leur tête en arrière jusqu'à ce qu'elle s'applique sur le dos, en faisant entendre le cri de *caracara*, d'où est venu leur nom.

Compagnons fidèles de l'homme partout où il s'est établi, on les retrouve à toutes les zones de latitude et de hauteur, depuis les terres les plus australes jusqu'à la ligne, et depuis le niveau de la mer jusqu'aux sommets les plus élevés des Andes.

Cresserelle de France.

Le mâle de la Cresserelle (famille des faucons) a, dans son état parfait, 37 centimètres de longueur, 64 centimètres d'envergure, et il pèse environ une demi-livre. Son bec est bleuâtre, les tarses jaunes; la tête, le cou et une partie de la poitrine sont gris clair, les ailes d'un brun rougeâtre; la queue, très arrondie, porte vers son extrémité une large bande noire terminée de blanc.

Cet oiseau, très commun dans presque toute l'Europe, est vulgairement connu en France sous le nom d'Émouchet ou d'Épervier des alouettes.

Il fréquente les campagnes, les bois, les vieilles tours, et détruit beaucoup de petits oiseaux; souvent même il fond sur les perdrix et les mulots; les souris, les grenouilles et les gros insectes font aussi partie de sa nourriture.

La femelle, plus hardie, vient jusque dans les jardins. Ces oiseaux, qui planent à de grandes hauteurs, en décrivant un cercle, et qui se soutiennent longtemps au même point par un battement d'ailes précipité et insensible, répètent fréquemment, et d'un ton aigre, le cri *pri pri pri*.

Les Cresserelles plument les oiseaux avant de les manger; mais ils avalent les petits mammifères avec leur peau.

Leur nid ne consiste qu'en brins de bois et de racines entremêlés; quelquefois même ils se contentent de vieux nids de corneilles. Leur ponte est de trois à cinq œufs d'une couleur ferrugineuse pâle, et marqués de taches plus foncées.

Circaëte Jean-le-Blanc d'Algérie.

Genre de l'ordre des rapaces et du groupe des aigles.

Sa longueur est d'environ 64 centimètres, et il a 1 m. 64 c. d'envergure. La tête et les parties supérieures du corps sont d'un gris brun. La gorge et la poitrine sont blanches, avec des taches longitudinales d'un brun roussâtre.

Cet oiseau qui, par sa forme, son attitude et ses mœurs, ressemble bien plus aux buses qu'aux aigles, est plus commun en France que dans les autres contrées de l'Europe. Il approche des lieux habités et y enlève la volaille; il attaque également les levrauts, les perdrix et d'autres plus petits oiseaux. Le Jean-le-Blanc, si redoutable aux basses-cours, vole bas, et ne chasse que le matin et vers le soir.

Son nid est placé tantôt sur des arbres élevés, tantôt près de terre, et dans des lieux couverts de bruyères et de joncs. Sa ponte est ordinairement de trois œufs de couleur d'ardoise.

On le trouve en France, au Sénégal, au Paraguay et au cap de Bonne-Espérance.

Chouette Hulotte de France.

Genre de l'ordre des rapaces nocturnes.

Plumage grisâtre, flammé de brun, abdomen blanc; queue rayée de brun, doigts à demi emplumés; disque facial complet.

Les Hulottes se nourrissent de proies vivantes, dont elles ne s'emparent pas au vol, mais qu'elles attendent le plus souvent au passage, silencieusement perchées sur une motte de terre, un bloc de pierre, une basse branche.

Cette Chouette, ou plutôt ce Chat-Huant (Chat-Huant hulotte) est celui qui la nuit fait entendre un cri sonore et traîné, en prononçant *hou-hou, hou-hou.*

La Hulotte femelle pond de deux à quatre œufs, d'un blanc le plus souvent pur, dans les nids abandonnés des pies, des corbeaux et surtout des écureuils.

Corneille à mantelet de France.

Cette espèce, qu'on appelle aussi Bedaude, Meunière, Jacobin, Corneille marine, sauvage, aquatique, etc., a environ 55 centimètres de longueur.

Le bec, les pieds, et les ongles sont noirs; la tête, la queue et les ailes sont de la même couleur, avec des reflets bleuâtres.

Cette Corneille change de demeure deux fois par an. Elle arrive vers la mi-décembre en troupes qui se mêlent aux freux et aux corbines, et qui augmentent successivement, à tel point que l'air en est quelquefois obscurci ; elles s'éloignent au commencement de mars.

Ces oiseaux, qui se répandent dans les champs et les prairies, se nourrissent de grains nouvellement germés et de larves d'insectes, compensant ainsi le bien et le mal qu'ils causent ; ils vivent aussi de limaçons, de grenouilles, et leur voracité, leur appétit pour les proies mortes, et la mauvaise odeur que leur corps exhale, leur donnent une grande analogie avec les corbeaux.

Les Corneilles ont pour leurs petits un grand attachement, et montrent un grand courage pour les défendre. Suivant Frisch, on a d'elles des exemples de tendresse maternelle, dans lesquels elles se sont laissées tomber avec l'arbre qui portait leur nid, plutôt que d'abandonner leur couvée pendant qu'on le coupait.

La Corneille ayant un vol très élevé, et s'accommodant de toutes les températures, le monde entier lui est ouvert. Aussi, est-elle répandue depuis le cercle polaire jusqu'au cap de Bonne-Espérance, à l'île de Madagascar et en Amérique.

Buses de France et d'Algérie.

Buses vulgaires.

Genre de l'ordre des oiseaux de proie ignobles de Cuvier.

Les Buses, quoique ne différant guère des aigles que par la courbure de leur bec, n'en ont ni la force ni l'air audacieux. Elles ont la tête grosse et le corps pesant. Ce sont des oiseaux lourds, d'un naturel paresseux, restant des heures entières perchés sur la même branche. Elles ne prennent pas leur proie au vol, comme la plupart des autres rapaces; mais elles la guettent avec une patiente immobilité, qui leur a valu la qualification de stupides, et elles se jettent sur tout le petit gibier, lapereaux, cailles, perdrix, etc., qui passe à leur portée.

Leur habitation ordinaire est sur le bord des bois touffus.

La Buse a de 50 à 60 centimètres de longueur, et 1 mèt. 40 cent. d'envergure. Sa couleur ordinaire est d'un brun roussâtre.

On compte une quinzaine d'espèces de Buses étrangères ; partout leurs mœurs sont identiques à celles de notre Buse commune.

Vautour fauve.

Un cou long, grêle et sans plumes, un corps massif et épais, des ailes et une queue traînant à terre, soit au repos, soit dans la marche, donnent aux Vautours une tournure particulière qui ne permet pas de les confondre avec les autres grands rapaces diurnes.

Les Vautours sont lâches et voraces ; ils ont des goûts bas, et sont portés, par leur naturel, à se nourrir de proies mortes et corrompues.

Ce goût des Vautours pour les cadavres de toute sorte, tourne au profit de l'homme ; aussi, dans certains pays, à cause des services signalés qu'ils rendent à la salubrité publique, en dévorant les matières animales dont la putréfaction pourrait vicier l'air, sont-ils placés sous la sauvegarde de la loi. Dans plusieurs des États de l'Amérique du Sud, une amende assez forte est imposée à quiconque tue un Vautour.

C'est dans les crevasses et les parties saillantes des rochers, que les Vautours établissent leur aire. Le même couple niche plusieurs années de suite dans le même endroit. La ponte est ordinairement de deux œufs.

Enlevés jeunes du nid, les Vautours s'apprivoisent facilement.

Les Vautours habitent toutes les contrées de la terre; mais ils sont cependant beaucoup plus répandus dans les régions méridionales que dans celles du Nord. On les trouve en plus grand nombre en Asie et en Afrique que dans les autres parties du monde.

Vautour vulgaire d'Algérie.

Vautour fauve des Pyrénées-Occidentales.

Vautour fauve du Sennaar.

Voy. *Vautour vulgaire.*

Vautour royal du Mexique.

Voy. *Vautour Papa.*

Pygargue de France.

Genre de la famille des aigles.

Ce que l'on dit des aigles pourrait se dire des Pygargues; cependant, ces derniers sont moins valeureux, plus lourds, plus indolents.

Perchés sur le sommet des grands arbres ou à la cime des rochers, on les voit guetter pendant des heures entières les animaux dont ils font leur proie. Du reste, par leur taille, leur vigueur et leur férocité, ils tiennent un des premiers rangs parmi les rapaces.

Tandis que les aigles vivent dans les montagnes, dans les grandes forêts, les Pygargues fréquentent ordinairement les bords de la mer, les grands lacs. Cette différence d'habitat provient d'une différence dans le régime. Les Pygargues vivent généralement de poissons, d'oiseaux et de mammifères aquatiques. Aussi les a-t-on appelés Aigles pêcheurs.

Comme tous les grands oiseaux de proie, les Pygargues établissent leur aire tantôt sur les grands arbres, tantôt dans les fentes des rochers escarpés.

La ponte est d'un ou deux œufs.

Les Groënlandais, selon Othon Fabricius, font une chasse très vive au Pygargue d'Europe; ils se nourrissent de sa chair, se fabriquent des vêtements avec sa peau, des coussins avec ses plumes, et des amulettes avec son bec et ses griffes.

D'un autre côté, Vieillot rapporte que le Pygargue, dans l'Inde, au Coromandel et à Malabar, est un oiseau sacré consacré à Vishnou, et que les brachmanes l'accoutument à venir à des heures réglées prendre ses repas dans le temple de ce dieu, en frappant sur un plat d'or.

Queue d'un blanc pur, bec presque blanc; tout le reste du plumage d'un brun sale ou cendré sans aucune tache.

Aigle royal de l'Auvergne.

Les Aigles tiennent le premier rang parmi les volatiles, comme le lion tient le premier rang parmi les animaux.

La couleur du vêtement, la forme des ongles, le cri effrayant, la férocité du caractère, l'attitude fière et calme, sont encore autant de qualités qui rapprochent l'Aigle du lion.

C'est du haut des cieux, où il plane majestueusement, que l'Aigle marque lui-même sa première place parmi les êtres ailés. Aucun autre oiseau ne peut franchir les mêmes espaces, ni vivre dans les mêmes fluides; tous restent humblement dans des régions inférieures, formant ainsi, par la somme de leur force et de leur puissance individuelle, une échelle de gradation jusqu'à lui.

L'Aigle ne se nourrit, en général, que d'animaux vivants. Son nid large et plat, qu'il place ordinairement dans des fentes de rochers, lui sert pendant toute sa vie, à moins que la main des hommes ou de la tempête ne le détruise. La femelle y pond ordinairement de deux à trois œufs, qu'elle couve pendant 30 jours.

Chez les Aigles, le mâle et la femelle s'entendent ensemble pour la chasse, et on les voit presque toujours à peu de distance l'un de l'autre.

L'Aigle a 1 mètre de longueur, et ses ailes étendues ont 3 mètres d'envergure. — Son poids est de 7 k. 50 à 9 kil.

L'Aigle vit plus d'un siècle.

On trouve des Aigles dans tout l'ancien continent. Il vit solitaire dans les contrées montueuses de la France et de l'Europe, en Tartarie, dans diverses parties de l'Asie et dans la Russie occidentale, au Kamtschatka et en Sibérie.

Les Kirguis, qui habitent à l'orient de la mer Caspienne, dressent les Aigles à la chasse du loup, du renard et de la gazelle.

Aigle de Millanah.

Aigle ravisseur d'Algérie, Laghouat.

Pour les habitudes et le caractère, voyez *Aigle Royal*.

LES PERROQUETS

—

Confinés dans les contrées les plus chaudes du globe, les Perroquets, sans avoir un plumage à éclats métalliques, sont pourtant parés de couleurs presque toujours pures et brillantes. Les teintes qui dominent dans le plumage de ces oiseaux, sont le vert, le rouge, le bleu et le jaune.

Les Perroquets sont frugivores, et les fruits du bananier, du goyavier, du caféier, du palmier, du limonier, sont leur nourriture favorite. Ce qu'ils recherchent le plus dans ces fruits, c'est le noyau.

Le persil et les amandes amères sont pour les Perroquets un poison violent.

Le plus généralement, les Perroquets vivent en troupes plus ou moins nombreuses; réunis, ils font entendre un caquetage continuel. Ce sont des oiseaux criards, turbulents et querelleurs. C'est surtout le soir, au coucher du soleil, lorsqu'ils se réunissent dans les bois les plus fourrés, pour y passer la nuit, que leurs criailleries deviennent étourdissantes.

Les Perroquets vivent très longtemps; ainsi les Mémoires de l'Académie royale des sciences de Paris (1747) rapportent qu'on a vu, à Florence, chez la grande-duchesse, un Perroquet qui a vécu plus de 110 ans. Frisch avoue qu'il lui en est mort un âgé de 40 ans. Au rapport de Buffon, le Perroquet cendré ou jaco vivrait 43 ans. Les Perruches ont une existence moins longue; à peine peuvent-elles atteindre la trentaine.

Les Indiens font la chasse aux Perroquets avec des flèches, et lorsqu'ils veulent les avoir vivants, ils mettent à la pointe de leurs flèches un bouton, afin de les étourdir sans les tuer. D'autres fois, on les prend lorsqu'ils sont ivres, après avoir trop mangé des graines de cotonnier. Les Caraïbes, dit le Père Labat, s'emparent aussi des Perroquets d'une manière fort ingénieuse; ils observent, le soir, les arbres où il s'en perche le plus grand nombre, et la nuit venue, ils portent, aux environs de l'arbre, des charbons allumés, sur lesquels ils jettent en abondance de la gomme avec du piment vert. Ce mélange fait une fumée tellement épaisse et suffocante, qu'étourdis et à demi morts, les malheureux Perroquets tombent des branches comme des fruits trop mûrs; ils les prennent alors, leur lient les pieds et les ailes, et les font revenir en les plongeant dans une eau courante.

C'est dans le Brésil et la Guyane, patrie exclusive

des Aras, en Asie et dans les îles de l'archipel Indien, que se rencontrent les plus belles, les plus grandes et les remarquables espèces de Perroquets.

Perroquet amazone.

Les variétés de cette espèce sont extrêmement nombreuses et difficiles à rapporter au type primitif; cependant la plupart d'entre elles sont produites par l'intromission de la couleur jaune en plus ou moins grande quantité dans le plumage. Ce Perroquet, dans son état de nature, et tel qu'on le voit le plus souvent en captivité, est d'une taille forte, et son corps est épais dans ses formes. Son plumage est généralement d'un vert brillant, avec un bandeau bleu sur le front; le tour des yeux, les joues et la gorge jaunes; le bec noir; les pieds d'un gris blanchâtre. Il y a de ces perroquets qui ont 37 centimètres de longueur, la queue alors en a 12 et est légèrement étagée

L'Amazone est l'espèce de Perroquet la plus commune parmi celles que l'on amène en Europe; c'est aussi l'une de celles que la nature a douée d'un grand talent imitateur et qui apprennent le plus facilement à parler.

L'influence de l'homme sur les êtres qui l'approchent change non-seulement leur naturel et leurs penchants, mais leur fait encore, à force de patience et de volonté, exécuter des choses qui semblent impossibles. Ainsi, il est des Perroquets qui, vrais esclaves de leur maître, se couchent sur le dos à un signe qu'il leur fait, et ne se relèvent qu'à son commandement; d'autres apprennent à faire l'exercice du bâton, et dansent d'une manière plus ou moins grotesque. Mais ce qui surtout a lieu de nous étonner de leur part, c'est le pouvoir qu'ils ont d'imiter tous les bruits qu'ils entendent; le miaulement du chat, le chant du coq, l'aboiement du chien, les divers cris des oiseaux, le grincement de la scie. Ils sifflent des airs et récitent des phrases; et Levaillant rapporte qu'une Perruche Amazone récitait en entier le « Pater » en hollandais, et que, dans cette circonstance, elle se couchait sur le dos et joignait les doigts des deux pieds, comme nous joignons les mains quand nous prions.

Le Perroquet Amazone se trouve dans une grande partie de l'Amérique méridionale; il est surtout très commun à la Guyane et à Surinam, où il cause de grands dégâts dans les plantations. Il niche dans les trous d'arbres, et sa femelle pond 4 œufs blancs à la fois.

Kakatoës à huppe jaune.

Ce Kakatoës n'a que 32 centimètres de longueur totale; son plumage est d'un beau blanc; sa tête est pourvue d'une huppe effilée, formée de douze plumes implantées sur le front, où elles forment comme une sorte d'aigrette; cette huppe est jaune, le dessous des ailes et de la queue a une teinte soufrée, les joues sont souvent de cette couleur, le bec et les pieds sont noirs.

Ce Kakatoës est celui que l'on amène le plus souvent en Europe. Il est plein d'intelligence et prend beaucoup d'attachement pour ses maîtres.

Cet oiseau habite les îles Moluques, où il est fort commun, ainsi qu'à la Nouvelle-Guinée. Les Papous le nomment « Mangarasse. »

Il a traversé le détroit de Corrès, et s'est répandu dans la Nouvelle-Hollande, jusque dans le 35e degré de latitude sud. Il vit par troupes nombreuses dans les forêts de la Nouvelle-Galles, pousse un cri perçant et continuel, niche dans les trous d'arbres, et se plaît à ronger des écorces.

Les Kakatoës sont un vrai fléau pour les pays dans lesquels on cultive le café; ils en font une destruction considérable.

Le Perroquet se trouve aussi à la Chine, où il porte le nom de Jing-Wos, dont la signification française est : oiseau qui parle.

Perruche-Souris du Brésil.

On donne le nom de Perruches à un grand nombre d'oiseaux du genre Perroquet, ayant les joues emplumées et la queue longue.

Les Perruches ont les formes plus gracieuses et moins lourdes que celles des Perroquets; elles ont aussi les mœurs plus sociables et sont d'une disposition plus amoureuse.

La Perruche-Souris, avec les tarses grêles, élevés et les ongles droits, ce qui lui permet de marcher facilement à terre, fait partie des « Perruches ingambes. »

Ces oiseaux, la terreur des planteurs du Brésil et de la Jamaïque, dévastent tous les arbres de rapport, qu'ils dépouillent de leurs feuilles et de leurs fruits en pure perte et par une sorte de divertissement: ils apportent dans ces dégâts une grande ruse; car les Perruches, toujours si criardes et si turbulentes lorsqu'elles se portent vers les plantations d'orangers ou sur des lieux qui ont reçu des semences, ne jettent plus aucun cri une fois qu'elles se sont abattues; elles s'alimentent et font le mal en silence, gardant un silence prudent; on dirait qu'elles ont conscience que leurs voix pourraient les trahir.

L'époque des pontes est, pour les Perruches comme pour la plupart des Perroquets, une époque d'isolement; alors il n'y a plus de liaison étroite qu'entre le mâle et la femelle. Le couple demeure constamment uni. Dans le plus grand nombre de cas, les œufs sont déposés dans des troncs creusés au sein d'arbres pourris ou dans des cavités de rochers, sur des détritus de bois vermoulu ou sur des feuilles sèches; les œufs sont d'une seule couleur uniformément blanche.

On trouve des Perruches à peu près sur tous les points du globe situés sous la zone équatoriale, par conséquent sur quatre grands continents, et sur la plupart des îles soumises à la même température.

Aras Macao des Grandes-Antilles.

On distingue sous le nom d'Aras les grandes espèces de Perroquets du Nouveau-Monde, à queue longue et étagée, à joues nues, et remarquables autant par leur grande taille que par la richesse de leur plumage, bigarré de pourpre, d'azur et d'or.

On a donné le nom d'Ara à ce groupe, en imitation des cris rauques que poussent ces grands oiseaux.

L'Ara Macao, ou Ara rouge, ou Ara de la Jamaïque, a jusqu'à 1 mètre de longueur. — Tout son plumage est d'un rouge foncé approchant du cramoisi sur la tête, le cou, le dessus du corps, les jambes et les petites couvertures des ailes; les premières pennes de l'aile sont d'un bleu nuancé de vert; ensuite le bleu azur, le violet, le bleu d'outremer, le rouge et le vert obscur se mêlent à profusion sur son corps.

Les écailles de la peau des pieds et des ongles sont noirs.

Cette espèce est particulière aux grandes Antilles.

Elle est devenue d'autant plus rare dans ces îles, que la culture s'y est étendue davantage.

On dit qu'elle se laisse facilement approcher par l'homme, et qu'en domesticité elle est très sujette a l'épilepsie.

Aras Canga du Brésil.

L'Ara Canga, ou l'Ara rouge, ont beaucoup de rapport avec le précédent, et la plupart des naturalistes les ont considérés comme appartenant tous deux à une même espèce. Buffon regardait l'Aracanga comme une variété du Macao; mais Gmelin et Kuhl ont séparé spécifiquement ces deux oiseaux. L'Ara Canga est généralement plus petit que le Macao, ayant 10 centimètres de moins sur la longueur totale. Le rouge de son plumage est d'une couleur moins foncée, et les plumes du cou et du menton sont nuancées de jaune. Le bleu de ses ailes est beaucoup plus pur, les grandes couvertures sont d'un jaune jonquille, et terminées par des taches vertes; le bas du dos est d'un bleu clair.

L'Ara Canga est très commun à la Guyane. Il nous est fréquemment envoyé de Cayenne et de Surinam, où on en voit de prodigieuses quantités.

Boa Constricteur de l'Amérique du Sud

Boa Constricteur de l'Amérique du Sud.

La longueur, la force et la beauté des couleurs rendent ce serpent très remarquable : il se trouve aux Indes, en Afrique et dans l'Amérique du Sud : les nègres de la côte de Mozambique lui rendent un culte religieux.

C'est le plus gros de tous les serpents connus. Adanson a vu des tronçons de ce serpent, qui avaient plus de 65 centimètres de circonférence.

Il a souvent plus de cinquante pieds de long, et alors, en rampant sur les plantes, il les écrase et les mutile comme si on avait traîné sur le terrain le tronc d'un gros arbre. En général, il n'attaque point les hommes et paraît même les craindre. Il est très lent dans ses mouvements ; on le trouve souvent blotti, roulé en spirale, sur le bord des ruisseaux, attendant sa proie.

Dans plusieurs contrées de l'Inde, les nègres vont à la recherche de ces serpents, afin de les tuer et de s'en procurer la viande, qu'on vend à la livre et par tronçons dans les marchés.

Jaune, avec une large bande brune sur le dos ; le ventre pointillé.

Boa Constricteur de Cayenne.

Voy. *Boa de l'Amérique du Sud.*

Caméléon vulgaire d'Afrique.

Les Caméléons ressemblent aux lézards ; mais leur corps n'est point couvert d'écailles. Chez cet animal, la langue est presque aussi longue que le corps, elle sort de la bouche, comme celle des fourmiliers, et elle est terminée à son extrémité par un tubercule visqueux, sur lequel les insectes se collent.

Les Caméléons ont les poumons si singulièrement organisés, qu'ils peuvent suspendre leur respiration pendant des heures entières : ils se gonflent alors ; et restent immobiles comme des statues. Ils reflètent aussi des couleurs très différentes et variables suivant que leur sang est mis plus ou moins rapidement en contact avec du nouvel air inspiré.

Cette espèce (*Cameleo vulgaris*) se trouve en Afrique et en Égypte ; c'est la plus grande : elle atteint jusqu'à 50 centimètres.

Occiput en pyramide tétraèdre, peau chagrinée, ventre et dos jaunâtres.

Caïman à museau de brochet.

(ÉTATS-UNIS.)

Ce Caïman habite l'Amérique septentrionale. Il se trouve assez loin vers le nord, et remonte le Mississipi jusqu'à la rivière Rouge.

« Dans la Caroline, » dit Catesby, « ces reptiles

se cachent dans les lieux fangeux, couverts de forêts, et y vivent au milieu du carnage ; ils s'élancent sur les animaux domestiques, tels que porcs, béliers ou bœufs qui ont l'imprudence de pénétrer dans ces vastes solitudes, les saisissent avec leurs fortes mâchoires, et les entraînent au fond des eaux. »

A la Louisiane, quand vient l'hiver, ces animaux se jettent dans la vase des marais et y tombent dans un sommeil léthargique. Les jours chauds les raniment; alors sortant de leur état de sommeil, ils font entendre des mugissements prolongés.

La voix du Caïman ressemble à celle du taureau.

Sa chair fait la principale nourriture de beaucoup de tribus sauvages. Les Caïmans du nord atteignent 4 m. 60 c. de longueur.

Caïmans à points noirs de Cayenne.

Tête allongée; museau très aplati, terminé en pointe arrondie en avant.

Dos sans sillons, dessus du corps pointillé de noir.

Ce Caïman du sud n'atteint guère plus de deux mètres de longueur.

On le trouve au Brésil, à la Guyane et en Colombie.

Crocodile vulgaire du Sénégal.

Les Grecs ioniens, dit Hérodote, nommèrent ainsi

Crocodile, une grande espèce de reptiles vivant dans les eaux des fleuves, parce qu'ils le trouvèrent semblable aux lézards, qui vivent chez eux dans les haies et le long des murailles, et qu'ils appelaient déjà Crocodiles.

Les Crocodiles habitent également toutes les parties les plus chaudes des deux continents. Ils se nourrissent partout de proies mortes et vivantes, et dévorent une grande quantité d'animaux aquatiques; leur voracité est telle, qu'ils sont redoutables même pour l'homme, qu'ils attaquent quand ils en trouvent l'occasion. A Cayenne, les nègres sont souvent la victime du Crocodile, et les femmes de l'Amérique méridionale, qui vont puiser de l'eau, sont souvent entraînées dans le fleuve par ces redoutables amphibies.

La femelle pond en plusieurs fois une vingtaine d'œufs, qu'elle enterre dans le sable, et qu'elle laisse au soleil le soin de faire éclore. Ces œufs sont deux fois plus gros que ceux des cygnes. La ponte a lieu en mars et en avril, et les petits sortent de l'œuf au bout d'un mois. Ils ont alors de 20 à 25 centimètres de long. L'accroissement du Crocodile dure vingt ans. Ces animaux répandent autour d'eux une forte odeur de musc, et la donnent aux eaux qu'ils fréquentent. Les nègres en mangent cependant volontiers la chair, et un des mets les plus délicats pour plusieurs nations africaines est l'œuf du Crocodile. En Egypte, aux Indes et à la Floride, on les fait servir d'aliments. Ces œufs sentent fortement le musc.

Quelques-uns de ces grands reptiles atteignent des proportions gigantesques; Adanson nous dit en avoir mesuré qui marquaient 9 mètres de longueur, et Hasselyuist parle d'une femelle de Crocodile d'Égypte qui mesurait 10 mètres.

Plusieurs naturalistes célèbres prétendent que les Crocodiles vivent cent ans.

On les prend avec des hameçons placés dans l'abdomen d'un chien, et fixés à une longue chaîne de fer. Les Crocodiles, au coucher du soleil, poussent des mugissements que l'on entend de très loin et qui semblent sortir du fond d'un puits.

Ils se trouvent en Afrique, en Asie et en Amérique. Il n'y en a pas en Europe ni en Australie.

Crocodile à museau aigu.

(RIVIÈRE DE LA MADELEINE, NOUVELLE-GRENADE.)

Museau plus effilé que celui de tous les autres Crocodiles proprement dits; bords des mâchoires sensiblement festonnés.

Voy. *Crocodile vulgaire.*

Crocodile rhombifère de la Havane.

Voy. *Crocodile vulgaire.*

SERPENTS NON VENIMEUX.

Couleuvre cyclopion des Etats-Unis.

Couleuvres à bandes de la Caroline.

Les Couleuvres sont des serpents non venimeux. Elles sont entièrement inoffensives pour l'homme, et la réputation fâcheuse qu'on leur a faite en les mettant au même rang que les vipères n'est pas du tout méritée.

Les Couleuvres ont le corps plus allongé que les vipères, leurs mouvements sont aussi plus agiles.

Le genre de nourriture des Couleuvres varie suivant les espèces; mais elles s'emparent constamment d'animaux vivants, d'insectes, de vers, de lézards, de grenouilles, de petits poissons, d'oiseaux, etc.; jamais elles ne mangent de fruits dans les jardins, ni ne vont sucer le lait des vaches dans les prairies ou dans les étables, comme l'ont prétendu des bergers visionnaires ou imposteurs, dont les contes ont néanmoins répandu ce préjugé dans toute l'Europe. Il est peu de personnes, du reste, qui ne sachent aujourd'hui que le prétendu dard fourchu et mortel des couleuvres, est un appareil très inoffensif, et il est même des pays où l'on connaît assez l'innocuité de ces reptiles, pour les rechercher comme aliment; on les nomme alors Anguilles de haies. Leur chair est sèche, d'une saveur assez fade, mais qui ne rappelle en rien l'odeur repoussante des Couleuvres.

Les Couleuvres habitent les lieux secs, les terrains de broussailles et les rochers ; elles se plaisent également sous les climats chauds et tempérés des deux mondes.

Couleuvres d'eau de Cayenne.

Plus ramassées dans leurs formes que les Coluber, ou Couleuvres d'arbres et Couleuvres terrestres, elles ont la tête également large et l'œil peu volumineux.

Elles ne parviennent pas à une grande taille, et vivent dans le voisinage des eaux douces et dans ces eaux elles-mêmes. Ce sont d'excellentes nageuses.

Spilote.

Subdivision du genre Couleuvre. Voy. ce mot.

Crotale Durisse de la Louisiane.

Crotale, c'est-à-dire *Porte-grelot*.

Reptile généralement connu sous le nom de Serpent à sonnettes.

Les Crotales sont du groupe des serpents venimeux, ils sont même les plus dangereux de tous;

leur piqûre a des effets terribles, autant par leur gravité, que par la promptitude avec laquelle ils se produisent.

La morsure du Crotale, quoique large, est d'abord peu sensible ; mais au bout de quelques secondes, une enflure, accompagnée d'élancements, se développe autour de la partie mordue, cette enflure gagne bientôt le reste du corps, les vertiges viennent, et après quelques minutes, la vie a cessé. L'agonie est extrêmement douloureuse ; une soif inextinguibl dévore le patient ; la langue sort de la bouche et se tuméfie ; les yeux, rouges et ardents, versent des pleurs en abondance ; un sang noir coule des narines ; la peau de la face acquiert alors la pâleur de la cire vierge, le râle devient convulsif, la mort arrive, et en moins de rien la gangrène a corrompu les chairs.

Les Crotales sont révérés par certaines peuplades américaines, qui se contentent le plus souvent de les éloigner, mais sans les tuer, dans la crainte, disent-ils, que l'esprit de celui qu'ils auraient fait mourir, n'excite ses parents et ses amis à venger le mal qu'on lui aurait fait.

Ces reptiles atteignent rarement plus d'un mètre de longueur ; on en voit cependant qui en ont près de deux. Ils vivent habituellement de petits mammifères ou d'oiseaux qu'ils épient avec patience. Ils se nourrissent aussi d'animaux morts, de lapins, de rats, etc.

Ce serpent se trouve dans l'Amérique septentrionale, aux Etats-Unis, ainsi qu'en Californie et même au Mexique. M. Audubon rapporte que dans certaines localités on emploie sa peau pour faire des chaussures.

A la campagne, suivant Catesby, le Crotale se glisse quelquefois dans l'intérieur des habitations, surtout quand elles sont environnées de buissons et de hautes herbes; l'on en trouve fréquemment dans les cases des nègres, et jusque dans leurs lits. Les animaux domestiques, qui le sentent, se montrent inquiets et agités aussi longtemps que ce dangereux visiteur demeure dans leur voisinage.

Les nègres mangent sa chair, comme celle des autres serpents.

Lézard Sheltopusick de Dalmatie.

Par la forme générale de son corps, qui ressemble à celle des serpents, ce genre se rapproche de l'ordre des ophidiens (reptiles); par les vestiges de ses membres il s'en éloigne, au contraire, et doit être réuni aux sauriens (lézards).

C'est un de ces groupes destinés par la nature à établir le passage d'un ordre à un autre, et qui tendent à démontrer l'existence de la série zoologique.

D'une longueur de plus de deux pieds, le bipède Sheltopusick a les parties supérieures du corps d'un châtain tirant sur le rougeâtre.

Cette espèce habite la Dalmatie, l'Istrie, la Morée et les côtes méditerranéennes de l'Afrique ; on la trouve également en Crimée et dans la Sibérie méridionale. Elle fréquente les localités herbeuses où abondent les mouches et les gros insectes.

Varan du désert d'Algérie.

Genre de saurien, ayant le dos de la queue plus ou moins tranchant, et la tête recouverte de plaques.

Les Varans sont, en général, très robustes ; et, après les crocodiles, ce sont les lézards qui atteignent les plus grandes dimensions.

Leur taille est élancée ; leur tête a la forme d'une pyramide quadrangulaire.

Le nombre de ces espèces s'élève à douze ; quatre sont de l'Asie, trois de l'Afrique et cinq de l'Océanie.

Python réticulé des Indes orientales et de Bornéo.

Ce serpent, qui est presque aussi grand qu'un boa, et qui parvient à plus de 10 mètres de longueur, vit dans les Indes orientales et les îles asiatiques, à Bornéo, Java, Amboine, Banca et autres.

Les habitants de ces îles le nomment *serpent des rizières*, parce qu'il habite et se trouve le plus sou vent dans les champs de riz. Sa morsure n'est point venimeuse, mais son étreinte est terrible.

Il se nourrit communément de rats, d'oiseaux et d'antilopes, qu'il chasse et guette.

Pythons Molures ou de Séba.

Ce Python se trouve dans l'Inde, sur les côtes du Malabar et de Coromandel, ainsi qu'au Bengale ; il existe aussi en Chine et à Sumatra.

Le voyageur hollandais Boié rapporte que le Python Molure attaque les cochons et la petite espèce de cerf de l'Inde nommé *muntjac*. Ce cerf est d'une taille à peine inférieure à celle du bélier.

Python royal de la côte des Mandingues

(PRÈS DE SIERRA-LEONE).

Python royal de Sénégambie.

Voyez *Python réticulé*.

Rainette bleue de la Nouvelle-Hollande.

Petit animal bien simple, bien innocent, bien inoffensif, et bien étonné, nous osons le dire, de se trouver ainsi au milieu de vipères, de crotales, de caïmans, boas et pythons, assemblage féroce, que ses mœurs douces ne rechercheraient guère, si la liberté d'agir et de choisir sa compagnie lui était laissée.

La Rainette a le corps trapu, large et sans queue,

les pattes de devant plus courtes que les postérieures, et les doigts terminés par des pelotes ou disques visqueux.

C'est à l'aide de ces pelottes visqueuses qu'on peut s'expliquer comment ces petits reptiles peuvent se coller sur des corps lisses, grimper, sauter de branche en branche et se promener sur les feuilles mobiles des arbres agités par le vent; plus agiles que les grenouilles, doués d'une excessive souplesse, ils cheminent avec adresse et légèreté sur les rameaux les plus flexibles.

Les Rainettes se nourrissent toutes de vers et de petits insectes; durant la belle saison, elles passent leur vie dans les bois à la recherche de leur nourriture. Plus tard, elles se retirent au fond des eaux, et, comme les grenouilles, y passent les mauvais jours dans l'engourdissement.

Le coassement de ces animaux a beaucoup d'analogie avec celui des grenouilles. On l'entend dans les mêmes circonstances, pendant la pluie et au milieu du calme des belles nuits d'été. Souvent alors, le soir et le matin, on trouve les Rainettes montées, rassemblées au sommet des arbres, chantant leur plainte, et poussant toutes en chœur des sons rauques et discordants.

Echidnée heurtante du Sénégal.

Sous ce nom, Belon parle d'un serpent de l'île de

Lemnos, qu'il dit être une vipère, et Séba l'applique à une vipère également, mais de l'île de Saint-Eustache, en Amérique. — Gros serpent court, de couleur grise, annelé de blanc jaunâtre. Voy. *Vipère.*

Salamandres de France et du Japon.

Les Salamandres, d'une couleur noire sombre sur le dessus du corps, et irrégulièrement parsemées de grandes taches d'un jaune livide en dessous, sont terrestres ou fluviales. Elles vivent dans les bois touffus, sous les pierres et dans les racines d'arbres, dans les haies, sur le bord des fontaines, ou bien dans les lacs, les étangs, les fossés des anciens châteaux. Elles aiment les eaux dormantes, les lieux retirés et tranquilles. Leur nourriture consiste en mouches et en insectes, vers de terre, petites sangsues, mollusques, limaçons, etc. Elles sont quadrupèdes, et suivant que leur vie doit se passer à terre ou dans l'eau, elles ont la queue ronde ou comprimée et allongée en rame.

Autant les Salamandres aquatiques (Tritons) sont lentes et embarrassées à la surface du sol, autant elles sont adroites et vives une fois plongées dans l'eau ; elles deviennent alors méchantes et voraces ; ayant les mâchoires armées de dents aiguës et le palais muni de deux rangées de dents pareilles, elles se combattent les unes les autres, se déchirent et se mangent souvent des pattes entières. Une particularité fort remarquable chez ces petits animaux, c'est la faculté qu'ils possèdent de pouvoir repousser deux fois de suite le même membre, quelquefois entièrement séparé du tronc. La taille des Salamandres et Tritons d'Europe, est en général petite et varie de 3 à 6 centimètres.

Une seule, dans la nature actuelle, atteint des proportions plus considérables : c'est la Salamandre du Japon (*Salamandra maxima*), dont la ménagerie des reptiles, au Muséum, possède aujourd'hui un magnifique sujet vivant.

Ce Triton gigantesque (pour son genre), de couleur brun jaunâtre, à tête plate et ronde, couverte de glandules, peut avoir de 40 à 50 centimètres de longueur.

On trouve aussi de ces grandes Salamandres dans les fleuves et les lacs de l'Amérique septentrionale. Au Japon, ces reptiles vivent, dit-on, à 15 ou 1,800 mètres de hauteur, sur le sommet des montagnes, parmi les laves des anciens volcans, ou au milieu des lacs perdus dans leurs profondeurs, et dont les eaux froides, constamment alimentées par la fonte des neiges éternelles, leur plaisent et leur conviennent. Ces grandes espèces vivent de poissons.

On ne trouve des Salamandres que dans les îles de la Méditerranée, dans l'Europe continentale, en Barbarie, dans plusieurs contrées de l'Asie, en Amérique et au Japon.

Serpent à sonnettes (*Crotalus horridus*)

(ILE DE LA TRINIDAD, ANTILLES).

Les sonnettes, qui sont le principal caractère de ce genre de serpent, résultent d'un nombre variable de 15 à 20 petites capsules, élastiques et demi transparentes, emboîtées jusqu'au tiers les unes dans les autres, desséchées et mobiles, et qui, par l'agitation rapide de la queue, produisent un bruit sec et strident, assez semblable au craquement successif que produirait un fort parchemin froissé, ou la roue d'une faible crécelle (1) agitée par la main d'un enfant.

Ce bruit s'entend très distinctement d'une trentaine de pas et plus ; et comme, dès que l'animal est inquiet ou agité, le bruit se fait entendre, c'est donc une sorte d'avertissement providentiel qui décèle aux autres animaux le voisinage du terrible reptible, et qui, vu la lenteur de ses mouvements, leur permet de l'éviter. (Voy. *Crotale.*)

Trigonocéphale jaune des Antilles.

Trigonocéphale cenchris de la Louisiane.

Genre de serpents très venimeux, dont les espèces

(1) Les Anglais, avec plus d'apparence de raison que nous, ont nommé ce serpent *Rattle-Snake* (Serpent-Crécelle).

sont essentiellement américaines et qui ressemblent beaucoup aux Serpents à sonnettes, dont cependant elles n'ont pas le grelot caudal.

S'il fallait en croire les traditions qui existent parmi les Caraïbes, autrefois maîtres des petites Antilles, ces Serpents redoutables y auraient été introduits par les Arronages, peuplade puissante qui habitait anciennement les embouchures de l'Orénoque.

Voici ce que le père Dutertre rapporte à ce sujet : « Quelques Sauvages m'ont assuré qu'ils tenaient,
» par une tradition certaine de leurs pères, que les
» Serpents jaunes, ou Vipères fer-de-lance des An-
» tilles, venaient des Arronages, auxquels les Ca-
» raïbes faisaient une guerre cruelle. Les Arronages,
» disent-ils, se voyant continuellement dévastés par
» les fréquentes incursions de nos ancêtres, s'avisè-
» rent, par haine et par vengeance, d'une ruse de
» guerre peu commune : ils amassèrent un grand
» nombre de ces mauvais serpents, les enfermèrent
» dans des paniers, les entassèrent dans des *couis*
» ou calebasses; puis les apportèrent dans les îles,
» et les lâchèrent dans les forêts. »

C'est ainsi qu'ils expliquent comment les Trigonocéphales ont pu parvenir de la terre ferme aux Antilles et traverser la mer.

A la Martinique, à Sainte-Lucie et à Becouïa, le fer-de-lance peuple les marais, les grands bois, les cultures, le bord des rivières et le sommet des montagnes ; on n'y moissonne pas un champ de cannes à sucre sans en trouver 60 à 80,'errant dans les fourrés épais formés par ces grandes graminées : on les voit ramper dans la vase, lutter contre le courant des torrents qui les entraînent à la mer, se glisser le long des roches nues et se balancer aux branches des arbres des forêts, à plus de 30 mètres au-dessus du sol.

Quand ils sont en quête de leur nourriture, ces serpents se tiennent ordinairement contournés en spirale dans les lieux dépourvus d'herbes, dans les passages habituels des animaux sauvages, surtout dans les sentiers qui conduisent aux abreuvoirs. Là, ils attendent tranquillement qu'une proie se présente, et dès qu'elle est à leur portée, ils s'élancent sur elle avec la rapidité d'un trait.

Pour le malheur des Antilles, les Trigonocéphales sont d'une effroyable fécondité.

Vipère cornue ou le Céraste d'Égypte

DITE AUSSI *Vipère de Cléopâtre.*

Cette vipère se distingue par la petite corne pointue qu'elle porte sur chaque sourcil ; sa couleur est d'un gris jaunâtre, marquée de taches transversales et irrégulières plus foncées.

Le Céraste se partage avec l'Aspic la domination des déserts des contrées les plus chaudes de l'Afrique septentrionale. Fuyant les lieux humides, on ne le trouve que dans les déserts brûlants de la Syrie, de l'Égypte et de l'Arabie.

La singularité de la tête cornue de ce serpent, le danger qui accompagne sa morsure, sa férocité et sa voracité insatiable, l'ont fait remarquer dès les temps héroïques par les habitants du pays qu'arrose le Nil ; aussi les Égyptiens, amis aussi zélés qu'aveugles du merveilleux, le figuraient souvent parmi les hiéroglyphes de leurs monuments sacrés, et le signalaient aux étrangers comme un être des plus redoutables, et comme un des défenseurs du désert.

Le Céraste se nourrit de petits quadrupèdes, de souris, de lézards, de salamandres, de jeunes oiseaux et d'insectes, comme mouches, fourmis, cantharides ; on dit même qu'il mange les scorpions.

Ce reptile, qui parvient à la taille d'environ 64 centimètres, possède toutes les qualités venimeuses des Vipères.

De tout temps, l'homme et la plupart des autres êtres animés ont ressenti pour l'espèce Vipère une répulsion instinctive et une horreur insurmontable ; le sanglier seul, parmi les quadrupèdes, en approche impunément : le faucon, le héron et le serpentaire l'attaquent et le mangent.

FAISANDERIE.

—

Grande Aigrette de la Guyane.

Ce charmant oiseau, qui atteint quelquefois plus d'un mètre de hauteur, a tout son plumage du blanc le plus pur : il porte sur la tête une petite huppe de plumes pendantes, et sur chaque épaule, en forme de touffe soyeuse, d'autres plumes longues et légères, qui s'étendent tout le long du dos et dépassent quelquefois la queue. Ces plumes dorsales, qui naissent au printemps et tombent en automne, sont d'une telle grâce et d'une finesse si exquise, qu'elles sont très recherchées par le commerce de luxe, pour la parure des dames et la confection des panaches de haut prix.

La Grande Aigrette, ou Héron blanc, se nourrit de poissons, de grenouilles, de lézards, de mollusques et d'insectes aquatiques ; elle établit son nid sur les arbres, et pond de 4 à 6 œufs d'un bleu pâle. Cette espèce habite la Hongrie, la Pologne, la Russie et la Sardaigne ; elle est également commune en Asie, en Afrique et dans l'Amérique du Sud.

Barge à queue rayée de France.

La Barge à queue rayée, que l'on nomme aussi Barge rousse et Barge aboyeuse, appartient à l'ordre des échassiers.

Ce sont de grands oiseaux, très haut montés sur pattes et à bec long.

Les Barges se plaisent à l'entour des marécages, particulièrement des marais salés, sur les bords fangeux des fleuves et près de leur embouchure.

Leur bec mou, flexible, propre seulement à fouiller les vases et les sables mouvants, est doué d'une grande délicatesse de tact, qui leur fait distinguer à une certaine profondeur, le petit crustacé ou le ver aquatique propre à leur nourriture.

Ces oiseaux ont la particularité de pondre des œufs très gros, en proportion de leur corps.

Butor onore de la Guyane.

Cet oiseau, que l'on nomme aussi Petit Butor du Sénégal, ou Héron à manteau brun, a les parties supérieures du corps brunes ; les ailes, la queue et les parties inférieures blanches ; le bec noir, la tête et le cou jaunâtres.

C'est dans les marais d'une assez grande étendue, couverts de joncs et de roseaux, et sur le bord des étangs et des rivières environnés de bois, que se tient de préférence le Butor : il passe tout le jour au même lieu, dans le silence et l'immobilité, caché par les plantes marécageuses, au-dessus desquelles, de temps à autre, il élève la tête pour explorer l'espace. Dans ce calme apparent, il guette les petits poissons, les rainettes, les mollusques, les vers, etc., sur lesquels il se jette avec ardeur, dès qu'ils passent à sa portée.

Le soir, le Butor quitte sa position de sentinelle, et décrivant une spirale qui va toujours grandissant, il s'élève à une telle hauteur, que bientôt on le perd de vue.

Bihoreau gris de fer de France.

Ce Héron, de 54 cent. de longueur, a la tête et le dos de couleur noire ; le front, la gorge et les parties inférieures du corps d'un blanc pur ; une riche et belle aigrette, formée de 3 à 4 plumes blanches, longues et étroites, orne sa nuque.

Cet oiseau, qui le plus souvent s'en va dormir parmi les roches, a reçu le nom de « Corbeau de nuit, » en raison de l'espèce de croassement long et lugubre qu'il fait entendre au coucher du soleil, au moment où, prenant son vol, il quitte le lieu où il s'est tenu caché tout le jour.

Le Bihoreau cherche, moitié dans l'eau, moitié sur la terre, sa nourriture qui se compose de grillons, d'insectes et de petits poissons, etc.

Il fréquente les rivages de la mer, le bord des fleuves, les lacs et les marais cachés sous les roseaux.

Assez rare partout, on le trouve cependant dans les contrées méridionales de l'Amérique, dans diverses parties de l'Asie, en Chine, sur les bords de la mer Caspienne et en Syrie.

Canards de la Caroline et de la Chine.

Races étrangères, ne différant des Canards d'Europe que par la bizarre richesse du plumage, et la gracieuse petitesse des formes.

Voy. *Canards sauvages* (GRAND BASSIN).

Chevalier aux pieds rouges.

Chevalier aboyeur.

Genre de l'ordre des échassiers; famille des Bécasses; bec droit et plus long que la tête.

Ces oiseaux, dont la taille varie depuis celle d'une grive, jusqu'à celle d'un moineau, se distinguent par l'allure libre, fière et dégagée, qui leur a valu leur nom. La coloration générale de leur corps est le gris brun plus ou moins foncé, avec des mouchetures blanches sur le dos et la tête.

Les Chevaliers vivent en petites troupes sur le bord des eaux douces; quelques espèces vivent sur

les rives des grands fleuves, sur les plages maritimes, et quelquefois aussi dans les bois inondés et
marécageux, où ils se nourrissent de vers, d'insectes
et de frai de poisson. La vue des Chevaliers est des
plus perçantes, et ils aperçoivent le moindre insecte
qui se joue et s'agite autour d'eux. Ces oiseaux sont
répandus sur tout le globe; on les trouve depuis le
Bengale et les îles de la Sonde jusqu'aux contrées
arctiques. On en compte de 35 à 40 espèces, qui
toutes se ressemblent par les habitudes, et qui ne
diffèrent que par des particularités de plumage, de
couleur et de cris.

La chair de ces oiseaux est des plus délicates.

Colombe voyageuse.

Si dans la famille des pigeons, beaucoup de races
sont sédentaires ou ne se transportent qu'à de faibles
distances, beaucoup d'autres aussi entreprennent
des courses lointaines. Parmi ces dernières, « la
Colombe voyageuse » est celle qui se livre aux migrations les plus remarquables.

D'après Vieillot, cette espèce traverse, au printemps et à l'automne, le nord entier de l'Amérique,
en troupes si pressées et si innombrables, que le
jour en est littéralement obscurci. Les colons américains tuent alors des millions de ces Colombes
dans les endroits où elles passent, et plus encore

dans les bois de haute futaie, où elles s'abattent généralement pour passer la nuit. M. Audubon a assisté à quelques-unes de ces chasses, et il déclare avoir vu des arbres de 65 centimètres de diamètre rompus, à peu de distance de leur base, par le poids des pigeons qui les surchargeaient et qui se suspendaient aux branches, les uns sur les autres, par milliers d'individus, comme des essaims d'abeilles.

Selon le même auteur, des fermiers viennent de plus de dix milles de distance avec leurs voitures, leurs chevaux, des fusils, des munitions et des centaines de porcs. On engraisse ces derniers avec les entrailles des Colombes, dont les chairs sont salées et conservées comme provisions d'hiver. La chasse finie, les loups, les renards, les ours, les aigles viennent à leur tour, et dans ce qui reste de débris trouvent encore plusieurs jours de vivres. Ce grand passage n'a lieu qu'une fois tous les huit ans, mais il est tellement fixe et régulier, que les naturels appellent cette année l'année des pigeons.

Il est difficile de citer un autre oiseau dont le passage puisse présenter le même intérêt. Les migrations que d'innombrables légions d'antilopes exécutent dans l'intérieur de l'Afrique, lorsque, abandonnant une contrée où règne la disette, elles vont à la recherche d'une terre plus verte et plus fertile, peuvent seules être comparées à celles qu'entreprennent les Colombes voyageuses.

C'est à l'aide de vastes filets que l'on s'empare de cette Colombe.

A la Louisiane, on en détruit également des quantités considérables, en envoyant des nuages de soufre dans les arbres où elles perchent pendant la nuit.

Colombe Labrador.

Genre de palombes ou colombines, de la Nouvelle-Galles du Sud et de la Nouvelle-Hollande.

Colombe maillée.

Sorte de Colombe du Sénégal.

Les oiseaux qui composent cette grande tribu des « Colombes, » se rattachent tous, dans un ordre naturel, à toutes les espèces de « pigeons. »

Faisan ordinaire. Faisan doré.
Faisan argenté.

Le nom grec de cet oiseau signifie oiseau du Phase (le Rion des modernes), parce que les Grecs remontant ce fleuve pour aller à Colchos, virent des Faisans répandus sur les deux bords, et crurent que la Colchide était leur unique patrie.

Les Chinois appellent cet oiseau « Thi-Khi, » les Anglais «Pheasant.»

Les Faisans sont des oiseaux d'une forme élégante, d'un port gracieux, d'une démarche facile ; leur plumage, de nature assez rude, est pourvu de couleurs brillantes et tellement variées suivant les espèces, que toute description est impossible. On y trouve néanmoins trois types bien distincts : 1° Le Faisan commun, dont la tête et le cou sont d'un vert doré à reflets bleus, les flancs et la poitrine d'un marron pourpré brillant, le manteau brun, et la queue d'un gris olivâtre à bandes noires ; 2° le Faisan doré, à huppe jaune d'or, la collerette orange, bordée de noir, le ventre rouge, le croupion et le dos jaune doré, la queue longue et fauve ; 3° le Faisan argenté blanc, à huppe, gorge et abdomen d'un noir intense. — Les femelles diffèrent des mâles par une taille moindre et des couleurs plus sombres.

Le naturel des Faisans est sauvage et solitaire ; ils s'envolent à la moindre alerte ; en fuyant les mâles poussent des cris aigus, qui n'ont rien de mélodieux.

Ils se plaisent dans les plaines boisées et dans les lieux humides, où ils trouvent des limaçons en abondance ; le jour, ils se tiennent à terre, et au coucher du soleil gagnent les grands bois pour y passer la nuit. La nourriture des Faisans consiste en graines de toute sorte, baie de genévrier, ronces sauvages, dont ils sont très-friands, graines de genêts et de faines, nèfles, groseilles, baies de sureau, insectes, vers, fourmis et escargots.

La patrie du Faisan doré est la Chine, le Japon, le Pégu, la Cochinchine, les montagnes du Caucase, et en général toute la partie méridionale de l'Asie ; mais le Faisan commun est répandu dans toute cette partie du globe jusqu'en Sibérie, et se trouve dans toute l'Europe, depuis les parties chaudes et fertiles de la Méditerranée jusqu'au golfe de Bothnie.

La chasse des Faisans est facile ; ils sont assez stupides pour donner dans tous les piéges, et on peut les tuer en se tenant à l'affût au pied des grands chênes, où ils viennent passer la nuit. Ils se laissent alors approcher sans défiance, et essuient même plusieurs coups de feu sans quitter l'arbre où ils sont perchés. En Turquie, on chasse les Faisans sauvages à l'oiseau de proie, et le faucon planant au-dessus du Faisan, lui inspire une telle frayeur qu'il se laisse prendre en vie. Il donne aussi dans les filets que l'on tend sur les chemins où il passe pour aller boire.

La chair du Faisan est très-prisée des gourmets, et les jeunes Faisans gras sont un morceau très-délicat.

Pour les personnes non prévenues, et qui ne prisent pas un mets à cause de son prix élevé et de sa réputation, la chair du Faisan est celle d'une bonne Poule fine, avec un petit goût sauvagin qui n'est pas désagréable ; mais elle est inférieure à celle des jeunes paons.

Héron Garzette.

Cette espèce de Héron, beaucoup plus petit de taille que la grande aigrette, a comme elle, tout le plumage d'un blanc pur; il porte également sur le dos une touffe de plumes soyeuses et délicates, formées de tiges flexibles, à barbes rares et effilées.

Ce Héron niche dans les marais, et pond quatre à cinq œufs de couleur blanche. Il habite les confins de l'Asie, la Turquie, et est périodiquement de passage en Suisse et dans le midi de la France.

Héron onore de la Guyane.

Là taille de cet oiseau est d'environ de 0 m. 81 c. Les parties supérieures de son corps sont brunes, finement rayées de fauve; le sommet de la tête et le derrière du cou sont d'un roux brillant; les parties inférieures blanches, les ailes et la queue noires, le bec bleu, les pieds jaunes.

Ce Héron se trouve dans l'Amérique méridionale; il se cache dans les herbes épaisses, dans les savanes, dans les ravines creusées par les eaux, et fréquente le bord des rivières. On ne l'approche que difficilement, et lorsqu'il se sent blessé il se défend avec fureur, cherchant à lancer son bec de toute la force de son cou dans l'œil de son ennemi. Jamais on ne rencontre deux de ces animaux ensemble. Dans les maisons où on les tient captifs, ils cherchent toujours la solitude et l'obscurité, et font aux rats une chasse dans laquelle ils surpassent les chats en adresse.

Hocco noir du Mexique.

Hocco à barbillons des Amazones.

Genre de l'ordre des gallinacés.

Les Hoccos sont des oiseaux propres aux régions équatoriales de l'Amérique, où ils semblent représenter nos dindons.

Leur bec est d'une longueur médiocre, mais fort; ils ont une huppe sur la tête, les ailes courtes, et toutes les parties supérieures du corps d'un noir profond, à reflets verdâtres.

C'est dans les lieux les plus élevés des forêts américaines que les Hoccos vivent en société, se réunissent en troupes nombreuses, et marchent de concert à la recherche des fruits, des baies, des graines, des bourgeons dont ils font leur nourriture. Leur séjour habituel sur les hauteurs et leur amour pour le sommet des collines, leur a fait donner au Mexique le nom de Oiseau de montagne.

La chair des Hoccos, blanche, est d'un goût exquis, supérieure, dit-on, à celle du faisan et de la pintade; leur naturel confiant, leurs habitudes sociables, leurs goûts simples, semblent les indiquer à l'économie rurale, comme des oiseaux appelés à la domesticité.

Le Hocco noir, ou Hocco Mitu-Poranga se trouve au Mexique, au Brésil, dans les forêts de la Guyane et du Paraguay.

Le Hocco à barbillons a le bec plus court et plus fort que le Mitu-Poranga; la cire de la base, de couleur rouge, se prolonge de chaque côté de la mandibule inférieure, et la dépasse sous la forme d'un petit barbillon. La huppe et toutes les couleurs du corps sont noires à reflets verts.

Cette espèce se trouve principalement, et par bandes nombreuses, dans toutes les parties boisées et quelquefois impénétrables qui couvrent toutes les rives du fleuve des Amazones (1).

Huîtrier de France.

Genre de l'ordre des échassiers.

Les Huîtriers ont reçu pour domaine les plages désertes de la mer. Ils ne s'en écartent que rarement, et seulement dans les cas où des froids trop rudes et une tempête trop violente les forcent à chercher un refuge sur le bord des étangs intérieurs. Ce qui retient aussi les Huîtriers presque exclusivement fixés sur le rivage des océans, c'est que là seulement se trouvent en abondance les animaux dont ils aiment à se nourrir. Les huîtres entrent comme

(1) Fleuve de l'Amérique méridionale, et le plus grand courant d'eau du Monde, avec le Nil et le Mississipi.

élément principal dans leur régime ; ils en font une consommation considérable, quoique vivant aussi d'autres coquillages, de crustacés, d'étoiles de mer, etc.

Les Huîtriers courent avec une célérité prodigieuse. Ils font entendre, lorsqu'ils sont attroupés ou qu'ils volent, des cris aigus et retentissants. Ces cris, que plusieurs poussent à la fois, ressemblent assez, de loin, au caquetage des pies : aussi les habitants de nos côtes maritimes, autant pour leur babil que pour leur plumage noir et blanc, ont-ils donné aux Huîtriers le nom de Pies de mer. — Les Français de la Louisiane, plus frappés de la forme de leur bec, les appellent Becs de hache.

On trouve des Huîtriers sur presque toutes les mers du globe.

Ibis rouge. Ibis chauve.

D'un beau rouge vermillon, cet Ibis, qui s'apprivoise avec la plus grande facilité, habite l'Amérique méridionale et la Guyane.

L'Ibis chauve, ou à front nu, est noir à reflets violets ; son front, dénudé de plumes, est jaune. Cette espèce habite le Brésil.

Les Ibis vivent par petites troupes de six à dix, et quelquefois davantage ; leurs mœurs et leurs habitudes sont douces et paisibles. Ils ne courent jamais avec rapidité, mais marchent toujours lentement et avec mesure.

Ce sont des oiseaux migrateurs, dont les courses s'étendent fort au loin, et qui parcourent dans leurs excursions les contrées les plus chaudes des deux continents. Ainsi que la plupart des grands échassiers, ils ont en volant le cou et les pattes étendus : comme eux aussi, ils poussent par intervalles des cris bas et rauques.

Chez toutes les espèces d'Ibis, la fidélité conjugale est un fait naturel et constaté : les couples sont indissolubles ; il n'y a que la mort ou un accident majeur pour l'un des contractants, qui puisse détruire l'union qui existe entre le mâle et la femelle.

L'Ibis était au nombre des oiseaux sacrés de l'ancienne Égypte, et c'est en reconnaissance des services supposés qu'il rendait au pays, que l'Égypte à son tour l'honorait comme une divinité propice. Il détruisait, disait-on, les serpents ailés et venimeux qui, tous les ans, au commencement du printemps, partaient de l'Arabie pour pénétrer en Égypte. L'Ibis allait à leur rencontre, dans un défilé où ils étaient forcés de passer, et là les attendait, les attaquait et les détruisait tous. Il est impossible de dire l'origine de cette fable ; mais il est plus probable de croire que l'Ibis n'était l'objet du culte des Égyptiens que parce que son apparition en Égypte annonçait, d'une manière certaine et régulière, le débordement du Nil.

. c'est-à-dire l'abondance et la richesse du pays, et non parce qu'il délivrait cette terre de serpents venimeux.

De dix-huit ou vingt espèces appartenant au genre Ibis, une seule se rencontre en Europe ; les autres se trouvent en Afrique, en Asie et en Amérique.

Pauxi-Mitu du Brésil.

Les Pauxis, par leur organisation comme par leurs mœurs, ont les plus grands rapports avec les hoccos. Ils sont comme eux sans défiance, et d'une placidité telle, qu'au rapport de Fernandez, ils se laissent tirer jusqu'à six coups de fusil sans se sauver. Ils sont d'une humeur facile et sociable ; cependant ils supportent difficilement qu'on les touche et qu'on les prenne. Leur démarche est fière et pesante. Ils prennent difficilement leur essor, et volent lourdement.

Le plumage du Pauxi est couleur d'acier bruni, les parties inférieures sont d'un brun chocolat, la queue est noire, terminée de roux.

Le Pauxi-Mitu habite la Guyane ; on le trouve également au Brésil et à Surinam.

Poules d'eau.

Elle a la tête, la gorge, le cou et toutes les parties inférieures du corps d'un bleu d'ardoise, les parties supérieures d'un brun olivâtre foncé, le bord antérieur de l'aile et les parties basses de la queue d'un blanc pur.

Cette Poule est commune en France, en Italie, en Allemagne et en Hollande, où elle habite le bord des rivières et des étangs.

Pendant la plus grande partie de la journée, les Poules d'eau demeurent tranquilles et cachées dans l'épaisseur des roseaux, ou blotties sous les racines des arbres et buissons qui s'élèvent le long des rives. Ce n'est guère que le matin et le soir qu'on les voit sortir de leur retraite, courir à terre, nager dans l'ombre ou sous le couvert des plantes aquatiques, et traverser les courants.

Leur nourriture consiste en insectes, en herbes, graines et lentilles d'eau.

Elles émigrent deux fois l'année, et se rencontrent dans les quatre parties du monde.

Flamand rouge.

C'est sur les bords de la mer, sur les marais qui l'avoisinent, sur les lacs salés et les lagunes, que vivent ces magnifiques oiseaux, généralement par familles de dix à trente individus.

Les Flamands ont les jambes excessivement longues et grêles, les ailes couleur de feu, le bec d'un violet rose. Ils se nourrissent de vers, de mollusques, d'œufs de poisson qu'ils trouvent dans la vase, et c'est en troupe qu'ils se livrent à la pêche. — Rien n'est curieux comme de les voir occupés à cet exercice : tous se rangent sur une même file et avancent lentement en observant le même ordre. On les prendrait de loin pour un escadron rangé en bataille, et même lorsqu'ils reposent sur la plage, ils conservent l'habitude de s'aligner. Dans cette circonstance, ils restent ordinairement debout sur un seul pied, l'autre étant retiré sous leur corps et leur tête cachée sous une aile, toujours du côté opposé à la jambe pliée, comme pour faire contrepoids.

Bien qu'ils aient les pieds palmés, les phœnicoptères ne sont pas des oiseaux essentiellement nageurs ; la membrane qui réunit leurs doigts est surtout destinée à faciliter leur marche sur les fonds vaseux.

TABLE DES MATIÈRES.

(1) Ces animaux sont rangés suivant l'ordre qu'ils occupent dans les cages.

(1) Ces oiseaux sont rangés suivant l'ordre qu'ils occupent dans les cages.

Aigrette (Grande).
Barge à queue rayée.
Bihoreau gris de fer.
Butor Onore.
Canards de la Caroline.
Canards de la Chine.
Chevalier aux pieds rouges.
Chevalier Aboyeur.
Colombe Voyageuse.
Colombes.
Faisans.

Huîtrier.
Héron Garzette.
Héron Onore.
Hocco noir..
Hocco à barbillons,
Ibis rouge.
Ibis chauve.
Pauxi-Mitu.
Poules d'eau.
Flamand rouge.

Paris. — Imprimerie de DUBUISSON et Cᵉ, rue Coq-Héron, 5.